高等学校规划教材

化学工程与工艺专业实验

HUAXUE GONGCHENG YU GONGYI ZHUANYE SHIYAN

郭军红　包雪梅　主编
杨保平　主审

化学工业出版社
·北京·

全书共八章，从化学工程与工艺专业实验要求、实验室安全与环保、实验设计与数据处理入手，经过基础数据测试实验、化工分离技术实验、化学反应工程实验、化工工艺实验、化工产品合成实验训练，将培养学生的科研能力、创新能力贯穿实验过程；化工中试及仿真实验的训练，着重培养学生对实际产品生产工艺和实际生产过程的操作与管理能力。相关学校可根据实验条件和教学要求灵活选择实验项目。

本书为高等学校化工及相关专业的本科生教材，也可供科研等相关人员参考。

图书在版编目（CIP）数据

化学工程与工艺专业实验/郭军红，包雪梅主编．—北京：化学工业出版社，2018.7

高等学校规划教材

ISBN 978-7-122-32241-8

Ⅰ.①化…　Ⅱ.①郭…②包…　Ⅲ.①化学工程-化学实验-高等学校-教材　Ⅳ.①TQ016

中国版本图书馆CIP数据核字（2018）第112652号

责任编辑：张双进　　文字编辑：孙凤英

责任校对：王素芹　　装帧设计：王晓宇

出版发行：化学工业出版社（北京市东城区青年湖南街13号　邮政编码100011）

印　　刷：北京京华铭诚工贸有限公司

装　　订：北京瑞隆泰达装订有限公司

787mm×1092mm　1/16　印张10　字数243千字　　2018年9月北京第1版第1次印刷

购书咨询：010-64518888（传真：010-64519686）　售后服务：010-64518899

网　　址：http：//www.cip.com.cn

凡购买本书，如有缺损质量问题，本社销售中心负责调换。

定　　价：32.00元

前言

本书是按照高等学校化学工程与工艺专业规范、培养方案和课程教学大纲、实验教学大纲的要求，结合校级实验教学改革实践而编写的实验教材。本书从提高学生专业知识素质、创新能力与工程能力的角度出发，在编写内容上以一些联系生产实际的综合性、研究性设计实验、实际化工产品虚拟仿真与中试实训项目为主，尝试从专业实验环节强化上述能力的训练和培养。

全书主要包括三部分。第一部分为实验基础，介绍实验要求、实验室安全与环保、实验设计与数据处理方面的基本知识与技能；第二部分为综合性专业实验，主要从基础数据测试实验、化工分离技术实验、化学反应工程实验、化工工艺实验、化工产品合成实验等几个方面培养学生的科研能力、创新能力；第三部分为化工中试与仿真实验，着重培养学生对实际产品生产工艺和实际生产过程的操作与管理能力。

实验过程中，通过以下几个环节培养学生创新、科研、工程能力。

（1）实验预习。学生应根据实验所列预习思考题，了解每个实验的目的、原理、流程、设备与控制，并对实验步骤、实验数据采集与处理方法有所了解。教师应在动手实验前通过多种方式检查学生的预习情况，并记录在案，作为评分依据之一。

（2）实验过程。在安排实验方向的基础上，精心调节实验条件，细心观察实验现象，正确记录实验数据。教师在指导时，有责任指导学生正确使用实验仪器，并督促学生严格采集实验数据，养成优良的实事求是的学风。要教育学生不得涂改记录，不得伪造数据。实验过程中教师应重视培养学生根据实验现象提出问题、分析问题的能力。

（3）实验报告。在实验完成后，学生需认真独立撰写报告。实验报告应做到层次分明、数据完整、计算正确、结论明确、图表规范、讨论深入。要重视实验讨论环节，实验讨论是对学生创新思维的训练。

一个完整的专业实验过程相当于一个小型的科学研究过程，预习大体上相当于查阅文献和开题论证，实验操作相当于试验数据的测定，实验报告就是一篇小型论文。参加一次实验，要视为参加科学研究的初步训练，学生应认真对待和参与专业实验的全过程。而一个完整的仿真及中试实训过程则相当于一个生产过程，通过仿真训练掌握化工产品生产工艺流程，中试实训即是一个化工产品从实验室到工业化生产的必由之路，也是生产工艺与生产管理的结合，可增强学生的工程应用能力和化工过程控制能力。

本书由兰州理工大学化学化工综合实验中心的教师共同编写，郭军红、包雪梅任主编，制定编写大纲和要求。各章节的编写人员如下：郭军红编写第一、第二章，第六章，第八章；包雪梅编写第三章（实验一，实验二），第四章（实验六），第五章，第七章，附录；张秀君编写第三章（实验三），第四章（实验七）；赵秋萍编写第三章（实验四，实验五）。全书由郭军红统稿，包雪梅为本书的编著做了大量的资料整理工作。本书由兰州理工大学杨保平教授主审，杨保平教授对本书的内容提出了许多修改意见，对提高本书质量有很大帮助。

本书可作为高等学校化学工程与工艺专业的实验教材。也可作为高职类工科院校相关专业的实验教学参考书，对从事化工、生物、环境、精细化学品等领域科研工作的技术人员也有一定的参考价值。

本书的编写得到了兰州理工大学实验室管理处和兰州理工大学石油化工学院的大力支持，在此表示衷心的感谢。编写过程中参阅了一些文献资料，也参考、引用了一些教材、手册和网络资料、图片，在此对所有文献、资料的原作者一并表示衷心的感谢。

由于我们的水平和兰州理工大学实验设备所限，加之编写时间仓促，书中不当之处在所难免，敬请读者批评指正。

编者

2018 年 5 月

目录

第一章　绪　论　／001

一、化学工程与工艺专业实验目的　／001
二、化学工程与工艺专业实验要求　／002
三、化工专业实验室安全与环保　／005

第二章　实验设计与数据处理　／019

一、实验设计　／019
二、数据处理　／024
三、实验数据的处理　／026

第三章　基础数据测试实验　／031

实验一　二元系统气液平衡数据的测定　／031
实验二　三元系统液液平衡数据的测定　／037
实验三　化学吸收系统气液平衡数据的测定　／041
实验四　双驱动搅拌器气-液传质系数的测定　／046
实验五　圆盘塔二氧化碳吸收的液膜传质系数的测定　／051

第四章　化工分离技术实验　／056

实验六 填料塔分离效率的测定 / 056
实验七 超滤、纳滤、反渗透组合膜分离实验 / 060

第五章 化学反应工程实验 / 066

实验八 鼓泡反应器中气含率及比表面积的测定 / 066
实验九 管式反应器流动特性的测定 / 069
实验十 单釜与三釜串联返混性能的测定 / 072

第六章 化工工艺实验 / 076

实验十一 乙苯脱氢制苯乙烯工艺条件的研究 / 076
实验十二 催化反应精馏法制甲缩醛工艺条件的研究 / 079
实验十三 催化反应精馏法制乙酸乙酯工艺条件的研究 / 083

第七章 化工产品合成实验 / 087

实验十四 生物化工产品——尿囊素的合成 / 087
实验十五 苯丙共聚物的乳液聚合 / 089
实验十六 低分子量环氧树脂的合成 / 093

第八章 化工中试及仿真实验 / 097

实验十七 装置实训及仿真实验 / 097
实验十八 乙烯裂解半实体装置实训及仿真实验 / 127

附 录 / 139

附录 1 单位换算 / 139

附录 2　常用正交表　/ 142
附录 3　常用均匀设计表　/ 146
附录 4　甲醛水溶液的密度　/ 148
附录 5　甲醇水溶液的密度　/ 149

参考文献　/ 152

第一章　绪　论

化学工程与工艺专业的实验，是在特定设计的条件、环境下，对基本理论知识体系或工程实践中某些典型环节的再现、重演或模拟。其目的是认识、检验、升华理论和技术的正确性与推广的可行性。化学工程与工艺实验的目的是培养学生掌握化学工程与工艺专业的专业实验技术与实验研究方法，是验证理论和客观标准、发展理论的重要手段。化学工程与工艺专业是实践性极强的应用型专业，支撑本专业的各学科都是随着生产的发展逐步形成、完善的，到今天仍有许多理论还有待进一步接受实践检验与验证。化学工程与工艺专业教学不应该也不可能脱离实验教学。首先，化学工程与工艺专业的理论知识体系来自实践，为实际生产服务、具有实用性质的理论和技术，如果没有必要的教学实验演示其中的某些现象和规律，学生就难以建立必要的特定概念并加深对它的理解；其次，高素质、高技术人才培养的关键，是方法论的教育问题，使学生树立起牢固的实践观点，让他们清楚地认识到化学工程与工艺的实践离不开实验，前人的实验认识可以借鉴，但在具体、特定的环境下运用课本理论和方法时，应具有实验的观点，并且要有自己动手掌握第一手材料的意识，这是其中的重要方面。因而，学习、掌握化学工程与工艺中基本的和必要的实验技术、理论、方法以及大型先进测试设备的应用和操作是非常重要的。实验的作用就是验证既有理论，启发学生思维能力，提高学生实践能力。

一、化学工程与工艺专业实验目的

化学工程与工艺专业是由原化学工程、无机化工、有机化工、煤化工、石油加工、高分子化工、工业催化、电化学工程等专业归并而成的宽口径专业。工程实践能力的培养是本专业的重要任务。作为专业实践性课程，该课程的目的是培养学生掌握化学工程与工艺专业的专业实验技术与实验研究方法。包括化学工程与化学工艺两方面，涉及化工基础数据测试技术、分离技术、反应工程技术、化工工艺、化工产品合成中试仿真实训等实验内容。涵盖了化工热力学、分离工程、化学反应工程、传递工程、精细化工和化学工艺学等学科，集专业实验的工程性、工艺性、典型性和先进性于一体。

（一）巩固和深化课堂所学的理论

根据全国高校化学工程与工艺专业教学指导委员会的规定，从实验目的、实验原理、装置流程、数据处理等方面，组织化学工程和化学工艺的实验内容。这样，通过实验可进一步学习、掌握和运用学过的基础理论，加深对化工过程的理解，巩固和深化所学的理论知识。涉及化工基础数据测试技术、分离技术、反应工程技术、化工工艺、化工产品合成中试仿真实训等实验内容。使学生进一步了解本专业主要课程的关联性，同时帮助学生理解书本中比较难懂的概念。例如，通过实验比较，理解表面张力对填料精馏塔分离效率的影响，所得结果可进一步指导工程设计。

（二）培养基本的实验和科研能力

对于化工类专业来说，从教学角度，专业综合实验应为进一步培养和提高学生的实验和科研能力的综合实践过程。所谓实验能力，是指：

（1）为了完成一定的研究课题，设计实验方案的能力；

（2）实验过程中，观察和分析实验现象的能力；

（3）正确选择和使用测量仪表的能力；

（4）利用实验的原始数据进行数据处理以获得实验结果的能力；

（5）运用文字表达技术报告的能力。

这些能力是科学研究的基础，学生只有反复训练才能掌握。而专业综合实验内容往往涉及多个课程，更接近工程实际，是多因子影响的综合实验。所以，学生通过实验课打下一定的基础，将来参加实际工作就可以独立地设计新实验和从事科研与开发。

（三）培养严肃认真的科学作风

通过误差分析及数据整理，使学生严肃对待参数测量、取样等各个环节，注意观察实验中的各种现象，运用所学的理论去分析实验装置结构、操作等对测量结果的影响，严格遵守操作规程，集中精力进行观察、记录和思考。掌握数据处理方法，分析和归纳实验数据，实事求是地得出实验结论，通过与理论比较，提出自己的见解，分析误差的性质和影响程度。培养学生严肃认真的学习态度和实事求是的科学态度，为将来从事科学研究和解决工程实践问题打好基础。

（四）丰富化学工程的实际知识

在化工、轻工等工业生产和实验研究中，经常测量的物理量有温度、压力、流量、浓度等，保证测量值达到所要求的精度，涉及测量技术问题，因此增加常用测试仪器的基本原理和使用方法，丰富学生的实践知识。此外，化学工程类实验不同于普通化学实验，为了安全成功地完成实验，除每个实验的特殊要求外，学生必须遵守注意事项和具备一定的安全知识。如泵、管网，阀门的切换，高压钢瓶的安全，化学药品和气体的使用和防护措施等。

总之，化工专业综合实验教学的目的着重于实践能力和解决实际问题能力的培养。这种能力的培养是书本学习无法替代的。

二、化学工程与工艺专业实验要求

化工专业综合实验对于学生来说是进一步接触到用工程装置进行实验，涉及多门化工专业的主要课程的内容，信息量大，综合性强，并对课内所学内容有一定的扩展，具有开放性强的特点，学生往往感到有难度，无法下手。有的学生又因为是几个人一组而有依赖心理，为了切实收到教学效果，要求每个学生必须做到以下几点。

（一）课前预习

（1）认真阅读实验教材，复习相关课程教材的有关内容。清楚地掌握实验项目要求、实验所依据的原理、实验所用危险化学品的安全说明书、实验步骤及所需测量的参数。熟悉实验所用测量仪表的使用方法，掌握其操作规程和安全注意事项。

（2）到实验室现场熟悉实验设备和流程，摸清测试点和控制点位置。确定操作程序、所测参数项目、所测参数单位及所测数据点如何分布等。

（3）具有CAI——计算机辅助教学手段时，可让学生进行计算机仿真练习。通过计算机仿真练习，熟悉各个实验的操作步骤和注意事项，以增强实验效果。

（4）在预习和计算机仿真练习基础上，写出实验预习报告。预习报告内容包括实验目的、原理、化学品安全说明书、流程、操作步骤、注意事项等。准备好原始数据记录表格，并标明各参数的单位。

（5）特别要考虑一下设备的哪些部分或操作中的哪个步骤会产生危险，如何防护？以保证实验过程中人身和设备安全。不预习者不准做实验。预习报告经指导教师检查通过后方可进行实验。

（二）实验中的操作训练

实验开始前，小组成员应根据分工的不同，明确要求，以便实验中协调工作。

设备启动前首先必须检查，调整设备进入启动状态，然后再进行送电、通水或蒸汽等启动操作。

（1）实验操作是动手动脑的重要过程，一定要严格按操作规程进行。安排好测量范围、测量点数目、测量点的疏密等。

（2）实验进行过程中，操作要平稳、认真、细心。详细观察所发生的各种现象，记录在记录本上，例如反应器中的返混情况等，有助于对过程的分析和理解。对实验的数据要判别其合理性，如果遇到实验数据重复性差或规律性差等情况，应首先分析实验中的问题，找出原因进行解决，实验数据要记录在备好的表格内。实验有异常的现象，应及时向指导教师报告。实验数据的记录应仔细认真、整齐清楚。

① 记录数据应是直接读取原始数据，不要经过计算后再记录，例如U形压差计的两端液柱高度差，应分别读取记录，不应读取或记录液柱的差值。

② 对稳定的操作过程，在改变操作条件后，一定要等待达到新的稳定状态，方可读取数据；对于连续的不稳定操作，要在实验前充分熟悉方法并计划好记录的位置或时刻等。

③ 根据测量仪表的精度，正确读取有效数字，最后一位是带有读数误差的估计值，在测量时应进行估计，便于对系统进行合理的误差分析。

④ 对待实验数据应采取科学态度，不能凭主观臆测随意修改记录，也不能随意弃舍数据，对可疑数据，除有明显的原因外（如读错、误记等），一般应在数据处理时检查处理。

⑤ 记录数据应书写清楚，字迹工整。记错的数字应划掉，避免涂改的方法，容易造成误读或看不清。要注意保存原始数据，以便检查核对。学生应注意培养自己严谨的科学作风，养成良好的习惯。

（3）实验结束整理好原始数据，将实验设备和仪表恢复原状，切断电源，清扫卫生，经教师允许后方可离开实验室。

（三）实验报告的撰写

实验报告是对实验进行的全面总结，实验报告是一份技术文件，是技术部门对实验结果进行评估的文字材料。实验报告的书写是一项重要的基本技能训练，不仅是对每次实验的总结，更重要的是可以培养和训练学生的逻辑归纳能力、综合分析能力和文字表达能力，是科学论文写作的基础。因此，参加实验的每位学生，均应及时、认真地书写实验报告。

实验报告必须数据完整、结论明确，有讨论、有分析，得出的公式或图线有明确的使用条件。实验报告内容要求实事求是，分析全面具体，文字简练通顺，撰写清楚整洁。编写实验报告的能力也需要经过严格训练，为今后写好研究报告和科学论文打下基础。因此要求学生各自独立完成这项工作。

1. 实验报告的特点

（1）原始性　实验报告记录和表达的实验数据一般比较原始，数据处理的结果通常采用图或表的形式表示，比较直观。

（2）纪实性　实验报告的内容侧重于实验过程、操作方式、分析方法、实验现象、实验结果的详尽描述，一般不做深入的理论分析。

（3）试验性　实验报告不强求内容的创新，即使实验未能达到预期效果，甚至失败，也可以撰写实验报告，但必须客观真实。

（4）格式固定　常使用专用的实验报告单。

2. 实验报告内容与格式

（1）实验名称、实验目的与要求等。实验目的要明确。在理论上验证定理、公式、算法，并使实验者获得深刻和系统的理解；在实践上，掌握使用实验设备的技能技巧和程序的调试方法。一般要说明是验证型实验还是设计型实验，是创新型实验还是综合型实验。

（2）学生姓名、学号及同组人员者。

（3）实验日期（年、月、日）和地点。

（4）实验原理阐述实验相关的主要原理。阐明实验原理、任务、目的、装置流程。回答预习思考题，设计实验数据记录表。

（5）实验内容是实验报告极其重要的部分。要抓住重点，可以从理论和实践两方面考虑。这部分要写明依据何种原理、定理、算法或操作方法进行实验。详细列出计算过程。

（6）实验设备、原料和环境，针对设备写明设备安全操作要求，原料、产物和中间产物属危险化学品的，要写出危险化学品安全使用说明书（MSDS），侧重于健康危害、理化特性与应急处理。

（7）实验步骤只写主要操作步骤，不要照抄实验指导书上的内容，要简明扼要。还应该画出实验流程图（实验装置的结构示意图），再配以相应的文字说明，这样既可以节省文字，又能使实验报告简明扼要、清楚明白。

（8）实验结果包括实验现象的描述、实验数据的处理等。原始资料应附在本次实验主要操作者的实验报告上，同组的合作者要复制原始资料。

对于实验结果的表述，一般有三种方法。

① 文字叙述。根据实验目的将原始资料系统化、条理化，用准确的专业术语客观地描述实验现象和结果，要有时间顺序以及各项指标在时间上的关系。

② 图表。用表格或坐标图的方式使实验结果突出、清晰，便于相互比较，尤其适合于

分组较多，且各组观察指标一致的实验，使组间异同一目了然。每一图表应有标题和变量及计量单位，应说明一定的中心问题。

③ 曲线图。在实验报告中，可任选其中一种或几种方法并用，以获得最佳效果。

(9) 根据相关的理论知识对所得到的实验结果进行解释和分析。如果所得到的实验结果和预期的结果一致，那么它可以验证什么理论，实验结果有什么意义，说明了什么问题，这些是实验报告应该讨论的。但是，不能用已知的理论或生活经验硬套在实验结果上，更不能由于所得到的实验结果与预期的结果或理论不符而随意取舍甚至修改实验结果，这时应该分析产生异常的可能原因。如果本次实验失败了，应找出失败的原因及以后实验应注意的事项。不要简单地复述课本上的理论而缺乏自己主动思考的内容。另外，也可以写一些本次实验的心得以及提出一些问题或建议等。

(10) 结论　结论不是具体实验结果的再次罗列，也不是对今后研究的展望，而是针对这一实验所能验证的概念、原则或理论的简明总结，是从实验结果中归纳出的一般性、概括性的判断，要简练、准确、严谨、客观。

(11) 自评　包括实验收获，实验教学、项目的建议等。实验报告必须力求简明、书写工整、文字通顺、数据完全、结论明确。图形图表的绘制必须用直尺、曲线板或计算机数据处理。实验报告必须按照指导教师要求的格式编写。报告应在指定时间交给指导老师批阅。

三、化工专业实验室安全与环保

化工实验通常涉及化学药品、带压设备、危险气体、电、煤气等潜在危害因素。这些因素若不加注意，随时可能引发出各种事故，造成环境污染和人体伤害，因此，加强对实验室安全技术和环境保护知识的了解，掌握相关危险情况的处理方法是非常必要的。

本节主要根据化工专业实验中存在的不安全因素，对防火、防爆、防毒、防触电等安全操作知识及防止环境污染等内容做一些基本介绍。

（一）实验室安全知识

1. 实验室常用危险品的分类

化学工程与工艺专业实验室常有易燃性物质、易爆性物质及有毒物质，归纳起来主要有以下几类。

(1) 可燃气体　遇火、受热或与氧化剂相接触能引起燃烧或爆炸的气体。如：氢气、甲烷、乙烯、煤气、液化石油气、一氧化碳等。

(2) 可燃液体　在常温下呈液态，具有挥发性，闪点低且容易燃烧的物质。如：乙醚、丙酮、汽油、苯、乙醇等。

(3) 可燃性固体　凡遇火、受热、撞击、摩擦或与氧化剂接触能着火的固体。如：木材、涂料、石蜡、合成纤维等，化学药品五硫化磷、三硫化磷等。

(4) 爆炸性物质　在热力学上很不稳定，受到轻微摩擦、撞击、高温等因素的激发而发生激烈的化学变化，在极短时间内放出大量气体和热量，同时伴有热和光等效应发生的物质。如：过氧化物、氮的卤化物、硝基或亚硝基化合物、乙炔类化合物等。

(5) 自燃物质　有些物质在没有任何外界热源的作用下，由于自行发热和向外散热，当热量积蓄升温到一定程度能自行燃烧的物质。如：磁带、胶片、油布、油纸等。

(6) 遇水燃烧物质　有些化学物质当吸收空气中水分或接触了水时，会发生剧烈反应，并放出大量可燃气体和热量，当达到自燃点而引发燃烧和爆炸。如：活泼金属钾、钠、锂及其氧化物等。

（7）混合危险性物质　混合后发生燃烧或爆炸的物质称为混合危险性物质。如：强氧化剂（重铬酸盐、氧、发烟硫酸等），还原剂（苯胺、醇类、有机酸、油脂、醛类等）。

（8）有毒物品　在一定条件下，某些侵入人体后会破坏人体正常生理机能的物质称有毒物质，如：

① 窒息性毒物，如氮、氢、一氧化碳等；

② 刺激性毒物，如酸类蒸气、氯气等；

③ 麻醉性或神经毒物，如芳香类化合物、醇类化合物、苯胺等；

④ 其他无机及有机毒物，指对人体作用不能归入上述三类的无机和有机毒物。

2. 危险化学品的安全知识

实验室常用的化学品必须合理地分类存放。易燃物品不能与氧化剂放在一起，以免发生着火燃烧的危险。对不同的危险药品，在为扑救火灾选择灭火剂时，必须针对药品进行选用，否则不仅不能取得预期效果，反而会引起其他的危险。例如，着火处有金属钾、钠存放，不能用水进行灭火，因为水与金属钾、钠等剧烈反应，会发生爆炸，十分危险；轻质油类着火时，不能用水灭火，否则会使火灾蔓延；若着火处有氰化钾，则不能使用泡沫灭火剂，因为灭火剂中的酸与氰化钾反应生成剧毒的氰化氢。因此了解危险品性质与分类十分必要。

3. 危险化学品的安全使用

（1）实验用的毒品必须按规定手续领用与保管。剧毒品要登记注册，并有专人管理。使用后的废液必须妥善处理，不允许倒入下水道中。

（2）凡是产生有害气体的实验操作，必须在通风橱内进行。但应注意不使毒品洒落在实验台或地面上，一旦洒落必须彻底清理干净。

（3）绝不允许以实验室内任何容器作食具，也不准在实验室内吃食品，实验完毕必须多次洗手，确保人身安全。

（4）对具有污染性质的化学药品不能与一般化学试剂放在一起。对有污染性物质的操作必须在规定的防护装置内进行。违反规程造成他人的人身伤害应负法律责任。

（5）进入实验室必须佩戴相应的防护措施，如实验服、防护眼镜、防护口罩、防毒面具等。

（6）对于易燃易爆药品应根据实验的需用量和按照规定数量领取。不能在实验场所存放大量该类物品。

（7）存放易燃品应严禁明火，远离热源，避免日光直射。有条件的实验室应设专用贮放室或存放柜。

（8）在实验前必须了解危险化学品的安全说明书，必要的时候应结合具体实验，制定出安全操作规程。

（9）在进行蒸馏易燃液体、有机物品或在高压釜内进行液相反应时，加料的数量绝不允许超过容器的2/3。在加热和实验过程中，实验人员不得离岗，不允许在无操作人员监视下加热。对沸点低的易燃有机物品蒸馏时，不应使用直接明火加热，也不能加热过快，致使急剧汽化而冲开瓶塞，引起火灾或造成爆炸。进行这类实验的操作人员，必须熟悉实验室中灭火器材存放地点及使用方法。

（10）各种易燃液体、有机化合物蒸气和易燃气体在空气中含量达到一定浓度时，就能与空气（实际是氧气）构成爆炸性的混合气体。这种混合气体若遇到明火就发生闪燃爆炸。

（11）任何一种可燃气体在空气中构成爆炸性混合气体时，该气体所占的最低体积分数称爆炸下限；该气体所占的最高体积分数称爆炸上限。在下限与上限之间称爆炸范围。低于爆炸下限或高于爆炸上限的可燃性气体和空气构成的混合气体都不会发生爆炸。但对体积分数超过上限的混合气遇明火会发生燃烧，但不会爆炸。例如甲苯蒸气在空气中的浓度为1.2%～1.7%时就构成爆炸性的混合气体。在这个温度范围遇明火（火红的热表面、火花等各种火源）即发生爆炸。低于1.2%，高于7.1%都不会发生爆炸。当某些可燃性气体或蒸气遇空气混合进行燃烧时，也可能突然发生爆炸。这是由于该气体在空气中所占的体积比逐渐升高或降低，浓度由爆炸限以外进入爆炸限以内所致。反之，爆炸性的混合气体由于成分的变化也可以从爆炸限内逐渐变至爆炸限范围以外，称为非爆炸性气体。这类具有爆炸性的混合气体在使用时应倍加重视，但也并不可怕。若能认真而严格地按照安全规程操作，是不会有危险的。因为构成爆炸应具备两个条件：

① 可燃物在空气中的浓度落在爆炸限范围内；

② 有明火存在。

故防止方法就是不使浓度进入爆炸极限以内。在配气时，必须严格控制。使用可燃气体时，必须在系统中充氮吹扫空气，同时还必须保证装置严密不漏气。

（12）实验室要保证有良好通风，并禁止在室内有明火和敞开式的电热设备，也不能让室内有产生火花的必要条件存在等。此外，应注意某些剧烈的放热反应操作，避免引起自燃或爆炸。总之，只要严格掌握和遵守有关安全操作规程就不会发生事故。

4. 危险化学品中毒和化学灼伤防范

（1）危险化学药品的毒性　危险化学药品除了易燃易爆危险性外，还在于它们具有腐蚀性、刺激性、对人体的毒性（特别是致癌性）。使用不慎会造成中毒或化学灼伤事故。特别应该指出的是，实验室中常用的有机化合物，其中绝大多数对人体都有不同程度的毒害。几种常用的有毒物质的最高允许浓度见表1-1。

表1-1　几种常用有毒物质的最高允许浓度　　　单位：mg/m^3

物质名称	最高允许浓度	物质名称	最高允许浓度	物质名称	最高允许浓度
一氧化碳	30	二甲苯	100	苯乙烯	40
氯	2	丙酮	400	甲醛	5
氨	30	乙醚	500	四氯化碳	5
氯化氢及盐酸	150	酚	5	溶剂汽油	350
硫酸及硫酐	10	乙醇	1500	汞	0.1
苯	500	甲醇	50	二硫化碳	10

（2）化学中毒和化学灼伤事故的预防　化学中毒主要是由下列原因引起的：

① 由呼吸道吸入有毒物质的蒸气。

② 有毒药品通过皮肤吸收进入人体。

③ 吃进被有毒物质污染的食物或饮料，品尝或误食有毒药品。

化学灼伤则是因为皮肤直接接触强腐蚀性物质、强氧化剂、强还原剂，如浓酸、浓碱、氢氟酸、钠、溴等引起的局部外伤。预防措施主要如下：

① 最重要的是保护好眼睛！在化学实验室里应该一直佩戴护目镜（平光玻璃或有机玻璃眼镜），防止眼睛受刺激性气体熏染，防止任何化学药品特别是强酸、强碱、玻璃屑等异物进入眼内。

② 禁止用手直接取用任何化学药品，使用毒品时除用药匙、量器外必须佩戴橡胶手套，实验后马上清洗仪器用具，立即用肥皂洗手。

③ 尽量避免吸入任何药品和溶剂蒸气。处理具有刺激性的、恶臭的和有毒的化学药品时，如 H_2S、NO_2、Cl_2、Br_2、CO、SO_2、SO_3、HCl、HF、浓硝酸、发烟硫酸、浓盐酸，乙酰氯等，必须在通风橱中进行。通风橱开启后，不要把头伸入橱内，并保持实验室通风良好。

④ 严禁在酸性介质中使用氰化物。

⑤ 禁止口吸吸管移取浓酸、浓碱、有毒液体，应该用洗耳球吸取。禁止冒险品尝药品试剂，不得用鼻子直接嗅气体，而是用手向鼻孔扇入少量气体。

⑥ 不要用乙醇等有机溶剂擦洗溅在皮肤上的药品，这种做法反而增加皮肤对药品的吸收速率。

⑦ 实验室里禁止吸烟进食，禁止赤膊穿拖鞋。

（3）中毒和化学灼伤的急救

① 眼睛灼伤或掉进异物。一旦眼内溅入任何化学药品，立即用大量水缓缓彻底冲洗。实验室内应备有专用洗眼水龙头。洗眼时要保持眼皮张开，可由他人帮助翻开眼睑，持续冲洗 15min。忌用稀酸中和溅入眼内的碱性物质，反之亦然。对因溅入碱金属、溴、磷、浓酸、浓碱或其他刺激性物质的眼睛灼伤者，急救后必须迅速送往医院检查治疗。玻璃屑进入眼睛内是比较危险的。这时要尽量保持平静，绝不可用手揉擦，也不要试图让别人取出碎屑，尽量不要转动眼球，可任其流泪，有时碎屑会随泪水流出。用纱布，轻轻包住眼睛后，将伤者急送医院处理。若是木屑、尘粒等异物进入，可由他人翻开眼睑，用消毒棉签轻轻取出异物，或任其流泪，待异物排出后，再滴入几滴鱼肝油。

② 皮肤灼伤。

a. 酸灼伤。先用大量水冲洗，再用稀 $NaHCO_3$ 溶液或稀氨水浸洗，最后用水洗。

氢氟酸能腐烂指甲、骨头，滴在皮肤上，会形成痛苦的、难以治愈的烧伤。皮肤若被灼烧后，应先用大量水冲洗 20min 以上，再用冰冷的饱和硫酸镁溶液或 70%酒精浸洗 30min 以上，或用大量水冲洗后，用肥皂水或 2%～5% $NaHCO_3$ 溶液冲洗，用 5% $NaHCO_3$ 溶液湿敷。局部外用可的松软膏或紫草油软膏及硫酸镁糊剂。

b. 碱灼伤。先用大量水冲洗，再用 1%硼酸或 2%HAc 溶液浸洗，最后用水洗。

c. 溴灼伤。这是很危险的。被溴灼伤后的伤口一般不易愈合，必须严加防范。凡用溴时都必须预先配制好适量的 20% $Na_2S_2O_3$ 溶液备用。一旦有溴沾到皮肤上，立即用 $Na_2S_2O_3$ 溶液冲洗，再用大量水冲洗干净，包上消毒纱布后就医。

在受上述灼伤后，若创面起水泡，均不宜把水泡挑破。

③ 中毒急救。实验中若感觉咽喉灼痛、嘴唇脱色或发绀，胃部痉挛或恶心呕吐、心悸头晕等症状时，则可能系中毒所致。视中毒原因施，以下述急救后，立即送医院治疗，不得延误。

a. 固体或液体毒物中毒。有毒物质尚在嘴里的立即吐掉，用大量水漱口。误食碱者，先饮大量水再喝些牛奶。误食酸者，先喝水，再服 $Mg(OH)_2$乳剂，最后饮些牛奶。不要用催吐药，也不要服用碳酸盐或碳酸氢盐。重金属盐中毒者，喝一杯含有几克 $MgSO_4$的水溶液，立即就医。不要服催吐药，以免引起危险或使病情复杂化。砷和汞化物中毒者，必须紧急就医。

b. 吸入气体或蒸气中毒者。立即转移至室外，解开衣领和纽扣，呼吸新鲜空气。对休克者应施以人工呼吸，但不要用口对口法。立即送医院急救。

④ 烫伤、割伤等外伤。在烧熔和加工玻璃物品时最容易被烫伤，在切割玻璃管或向木塞、橡胶塞中插入温度计、玻管等物品时最容易发生割伤。玻璃质脆易碎，对任何玻璃制品都不得用力挤压或造成张力。在将玻管、温度计插入塞中时，塞上的孔径与玻管的粗细要吻合。玻管的锋利切口必须在火中烧圆，管壁上用几滴水或甘油润湿后，用布包住用力部位轻轻旋入，切不可用猛力强行连接。常见的外伤急救方法如下：

a. 割伤。先取出伤口处的玻璃碎屑等异物，用水洗净伤口，挤出一点血，涂上红汞水后用消毒纱布包扎。也可在洗净的伤口上贴上“创口贴”，可立即止血，且易愈合。若严重割伤大量出血时，应先止血，让伤者平卧，抬高出血部位，压住附近动脉，或用绷带盖住伤口直接施压，若绷带被血浸透，不要换掉，再盖上一块施压，立即送医院治疗。

b. 烫伤。一旦被火焰、蒸气、红热的玻璃、铁器等烫伤时，立即将伤处用大量水冲淋或浸泡，以迅速降温避免深度烧伤。若起水泡不宜挑破，用纱布包扎后送医院治疗。对轻微烫伤，可在伤处涂些鱼肝油或烫伤油膏或万花油后包扎。

化学工程与工艺专业实验室应配备用一定量的实验室医药箱，箱内一般有下列急救药品和器具。

① 医用酒精、碘酒、红药水、紫药水、止血粉，创口贴、烫伤油膏（或万花油）、鱼肝油，1%硼酸溶液或2%醋酸溶液，1%碳酸氢钠溶液、20%硫代硫酸钠溶液等。

② 医用镊子、剪刀，纱布，药棉、棉签，绷带等。

③ 医药箱专供急救用，不允许随便挪动，平时不得动用其中器具。

④ 医药箱内的物品应在使用过后及时补充，并按期检查药品等是否在有效期内。

（二）防火防爆的安全知识

在各类实验室中都不同程度地存在燃烧和爆炸的危险。为了保证教学和科研工作的顺利开展，我们必须对有燃烧和爆炸的危险物质加强管理，采取相应的安全措施，防止火灾和爆炸事故的发生。如果一旦发生，也要具备一定的减少灾害造成的危险措施，把损失降到最低。

1. 火灾、 爆炸的预防

有效的防范才是对待事故最积极的态度。安全第一，预防为主，消除可能引起燃烧和爆炸的危险因素，这是最根本的解决办法。使易燃易爆品不处于危险状态，或消除一切火源和安全隐患，就可以预防火灾或爆炸的发生。

（1）控制可燃物和助燃物　部分可燃气体和蒸气的爆炸极限见表1-2。化工类实验室防燃防爆，最根本的是对易燃物和易爆物的用量和蒸气浓度进行有效控制。

表 1-2 部分可燃气体和蒸气的爆炸极限

物质名称	化学式	沸点/℃	闪点/℃	自燃点/℃	爆炸极限/%	
					上限	下限
氢	H_2	−252.3		510	75	4.0
一氧化碳	CO	−192.2		651	74	12.5
氨	NH_3	−33			27	16
乙烯	$CH_2=CH_2$	−103.9		540	32	3.1
丙烯	C_3H_6	−47		45	10.3	2.4
丙烯腈	$CH_2=CHCN$	77	0～2.5	480	17	3
苯乙烯	$C_6H_5CH=CH_2$	145	32	490	6.1	1.1
乙炔	C_2H_2	−84(升华)		335	32	2.3
苯	C_6H_6	81.1	−15	580	7.1	1.4
乙苯	$C_6H_5C_2H_5$	36.2	15	420	3.9	0.9
乙醇	C_2H_5OH	78.8	11	423	20	3.01
异丙醇	$CH_3CHOHCH_3$	82.5	12	400	12	2
甲醇	CH_3OH	64.7	9.5	455		
丙酮	CH_3COCH_3	56.5	−17	500	13	
乙醚	$(C_2H_5)_2O$	34.6	−45	180	48	1
甲醛	CH_3CHO			185	56	4.1

① 易燃易爆物要存放在专门的危险品仓库，实验者按需领用，不能在实验室随意放置或囤积。控制实验过程中可燃物和助燃物的用量，实验室尽量少用或者不用易燃易爆物。通过实验改进，使用不易燃易爆的溶剂。一般低沸点溶剂比高沸点溶剂更具易燃易爆的危险性，例如乙醚。相反，沸点高的溶剂不易形成爆炸浓度，例如沸点在 110℃ 以上的液体，在常温通常不会形成爆炸浓度。

② 加强密闭。为了防止易燃气体、蒸气和粉尘与空气混合，形成易爆混合物，应该设法使实验室贮存易燃易爆品的容器密闭保存。在使用和处理易燃易爆物质（气体、液体、粉尘）时，重视容器、设备、管道的密闭性，防止泄漏。对于实验室微量、正在进行的、有可能产生压力反应不能封闭的，尾气少量的要接入实验室通风系统，大量的要加以吸收或回收，消除安全隐患。

③ 做好通风除尘。实验室易燃易爆品完全密封保存和反应是有困难的，总会有部分蒸气、气体或粉尘泄漏。所以，必须做好实验的通风和除尘，通过实验室的通风换气。加强室内的通风，控制易燃易爆物质在空气中的浓度，一般要小于或等于爆炸下限的 1/4。

通风分为自然通风和机械通风，前者是依靠外界风力和实验室内空气进行自然交换，而后者是依靠机械造成的室内外压力差，使空气流动进行交换，例如鼓风机、通风橱和排气扇等。两者都可以从室内排出污染空气，使室内空气中易燃易爆物的含量不超过最高允许浓度。

④ 惰性化。在可燃气体、蒸气和粉尘与空气的化合物中充入惰性气体，降低氧气、可燃物的体积分数，从而使化合物气体达不到最低燃烧或爆炸极限，这就是惰性化原理。

⑤ 实时检测空气中易燃易爆物的含量。实时监测实验室内部易燃易爆物的含量是否达到爆炸极限，是保证实验室安全的重要手段之一。在可能泄漏可燃或易燃品区域设立报警仪是实验室的一项基本防爆措施。

（2）控制点火源　实验室点火源一般有以下几个方面：明火、高温表面、摩擦、撞击、电气火花、静电火花等。

① 明火：明火是指敞口的火焰和火星等。敞开的火焰具有很高的温度和能量，是引起火灾的主要着火源。实验室明火主要有点燃的酒精灯、燃气灯、酒精喷灯、烟头、火柴、打火机和蜡烛等。在实验室易燃易爆场所不得使用酒精灯、煤气灯、喷灯、火柴、打火机和蜡烛，禁止实验室内吸烟。

② 高温表面：高温表面的温度如果超过可燃物的燃点，当可燃物接触到盖表面时有可能着火。常见的高温表面有通电的白炽灯、电炉、马弗炉等。

③ 摩擦与撞击：摩擦与撞击往往会引起火花，从而造成安全事故。因此有易燃易爆品的场所，应该采取措施防止火花的发生。

a. 机器上的轴承等转动部分，应该保持良好的润滑并及时加油，例如实验室的水泵和通风的电机最好采用有色金属或塑料制造的轴瓦。

b. 凡是撞击或摩擦的部分都应该采用不同的金属制成，例如实验室用的锤子、扳手等。

c. 含有易燃易爆品的实验室，不能穿带钉子或带金属鞋掌的鞋。

d. 硝酸铵、氯酸钾和高氯酸铵等易爆品，实验室不要大量贮存，少量使用也要轻拿轻放，避免撞击。

④ 防止电气火花。用电设备由于线路短路、超负荷或通风不畅，温度急剧上升，超过设备允许的温度，不仅能使绝缘材料、可燃物、可燃灰尘燃烧，而且能使金属融化，酿成火灾。为了防止电火花引起的火灾，在易燃易爆品场所，应该选用合格的电气设备，最好是防爆电器，并建立经常性检查和维修制度，防止线路老化、短路等，保证电气设备正常运行。

⑤ 消除静电。静电也会产生火花，往往会酿成火灾事故。其中人体的静电防止主要有以下几个方面：

a. 进入实验室不能穿化纤类的服装，要穿防静电服装，例如实验服、静电鞋和手套。

b. 长发最好盘起，防止头发与衣服摩擦产生静电。

c. 人体接地，实验室入口处设有裸露的金属接地物，例如接地的金属门、扶手、支架等，人体接触到这类物质即可以导出人体内的静电。

（3）控制火灾和爆炸的蔓延　一旦发生火灾和爆炸事故，要尽一切可能将其控制在一定的范围之内，并及时采取扑救措施，防止火灾和爆炸的蔓延，实验室一般可以采用以下方法：

① 实验室不要放置大量的易燃易爆品，少量存储也要规范合理放置，例如固液分开、氧化剂和还原剂分开、酸碱分开放置等。存放化学试剂的冰箱应有防爆功能。

② 实验室常用设施不能为易燃品，例如窗帘、实验台面、实验柜、药品柜和通风橱等。

③ 实验室的通风橱应具有防爆功能，具有危险性的实验可以在通风橱内操作。一旦发生安全事故，可以控制在通风橱内，防止进一步蔓延。

④ 实验室必须配备足量消防器材，例如灭火毯、灭火器、消防沙桶等。

⑤ 实验室人员要具备很强的安全意识，会熟练使用消防器材。一旦火势失控，在安全撤离时关闭相应的防火门，防止火势蔓延扩展。

2. 消防措施

常用的消防灭火措施有如下几种。

① 隔离法。设法将火源与周围的可燃物隔离，阻止燃烧。

② 冷却法。用水等冷却剂降低燃烧物的燃点温度，阻止燃烧。

③ 窒息法。用黄砂、石棉毯、湿麻袋等，二氧化碳及其他惰性气体，将燃烧物与空气隔绝，阻止燃烧。但对爆炸性物质起火不能用黄砂、石棉毯、湿麻袋进行覆盖，以免阻止气体的扩散而增加了爆炸的破坏力。

(1) 灭火剂的种类和选用　化工实验室一般不用水灭火！这是因为水能和一些药品（如钠）发生剧烈反应，用水灭火时会引起更大的火灾甚至爆炸，并且大多数有机溶剂不溶于水且密度比水轻，用水灭火时有机溶剂会浮在水上面，反而扩大火场。实验室常用的灭火器材见表 1-3。灭火时必须根据燃烧物的类别及其环境情况选用合适的灭火器材。实验室发生火灾时，通常按下述顺序选用灭火器材：二氧化碳灭火器、干粉灭火器、泡沫灭火器。

表 1-3　实验室常用的灭火器材

灭火剂			一般火灾	可燃液体火灾	带电设备起火
液体	水	直射	√	×	×
		喷雾	√	√	√
	泡沫		√	√	×
气体	CO_2		√	√	√
固体	干粉(磷酸盐类)		√	√	√

注：√表示适用；×表示禁用。

① 沙箱。将干燥沙子贮于容器中备用，灭火时，将沙子撒在着火处。干沙对扑灭金属起火特别安全有效。平时经常保持沙箱干燥，切勿将火柴梗、玻管、纸屑等杂物随手丢入其中。

② 灭火毯。通常用大块石棉布作为灭火毯，灭火时包盖住火焰即成。近年来已确证石棉有致癌性，故应改用玻璃纤维布。沙子和灭火毯经常用来扑灭局部小火，必须妥善安放在固定位置，不得随意挪作他用，使用后必须归还原处。

③ 二氧化碳灭火器。二氧化碳灭火器是化工实验室最常使用、也是最安全的一种灭火器。其钢瓶内贮有CO_2气体。使用时，一手提灭火器，一手握在喷CO_2的喇叭筒的把手上，打开开关，即有CO_2喷出。应注意，喇叭筒上的温度会随着喷出的CO_2气压的骤降而骤降，故手不能握在喇叭筒上，否则手会严重冻伤。CO_2无毒害，使用后干净无污染。特别适用于油脂和电器起火，但不能用于扑灭金属着火。

④ 泡沫灭火器。泡沫灭火器由$NaHCO_3$与$Al_2(SO_4)_3$溶液作用产生$Al(OH)_3$和CO_2泡沫，灭火时泡沫把燃烧物质包住，与空气隔绝而灭火。因泡沫能导电，不能用于扑灭电器着火。且灭火后的污染严重，使火场清理工作麻烦，故一般非大火时不用它。

(2) 灭火方法　万一不慎失火，切莫慌惊失措，应冷静沉着处理。只要掌握必要的消防知识，一般可以迅速灭火。

一旦失火，首先采取措施防止火势蔓延，应立即熄灭附近所有火源（如煤气灯），切断电源，移开易燃易爆物品。并视火势大小，采取不同的扑灭方法。

① 对在容器中（如烧杯、烧瓶，热水漏斗等）发生的局部小火，可用石棉网、表面皿或木块等盖灭。

② 有机溶剂在桌面或地面上蔓延燃烧时，不得用水冲，可撒上细沙或用灭火毯扑灭。

③ 对钠、钾等金属着火，通常用干燥的细沙覆盖。严禁用水和 CCl_4 灭火器，否则会导致猛烈的爆炸，也不能用 CO_2 灭火器。

④ 若衣服着火，切勿慌张奔跑，以免风助火势。化纤织物最好立即脱除。一般小火可用湿抹布、灭火毯等包裹使火熄灭。若火势较大，可就近用水龙头浇灭。必要时可就地卧倒打滚，一方面防止火焰烧向头部，另外在地上压住着火处，使其熄火。

⑤ 在反应过程中，若因冲料、渗漏、油浴着火等引起反应体系着火时，情况比较危险，处理不当会加重火势。扑救时必须谨防冷水溅在着火处的玻璃仪器上，必须谨防灭火器材击破玻璃仪器，造成严重的泄漏而扩大火势。有效的扑灭方法是用几层灭火毯包住着火部位，隔绝空气使其熄灭，必要时在灭火毯上撒些细沙。若仍不奏效，必须使用灭火器，由火场的周围逐渐向中心处扑灭。

⑥ 在使用灭火器时，应拿起软管，把喷嘴对着着火点根部，拔出保险销，用力压下并抓住杠杆压把，灭火剂即喷出。用完后要排除剩余压力，待重新装入灭火剂后备用。

（三）电气对人体的危害及防护

化学工程与工艺专业实验室中电器设备较多，某些设备的电负荷也较大，对电器设备必须采取安全措施。

电气事故与一般事故的差异在于往往是在没有任何预兆的情况下瞬间发生，因而造成的伤害较大甚至危及生命。电对人的伤害可分为内伤与外伤两种，可单独发生，也可同时发生。因此，掌握一定的电气安全知识是十分必要的。

（1）电伤危险因素　电流通过人体某一部分即为触电，是最直接的电气事故，常常是致命的。其伤害的大小与电流强度的大小、触电时间及人体的电阻等因素有关。实验室常用的电气是 220～380V，频率为 50Hz 的交流电，人体的心脏每跳动一次有 0.1～0.2s 的间歇时间，此时对电流最为敏感，因此当电流经人体脊柱和心脏时，其危害极大。电流量和电压大小对人体的影响见表 1-4 和表 1-5。

表 1-4　电流量对人体的影响（50～60Hz 交流电）

电流量/mA	对人体的影响	电流量/mA	对人体的影响
1	略有感觉	20	肌肉收缩，无法自行脱离触电电源
5	相当痛苦	50	呼吸困难，相当危险
10	难以忍受的痛苦	100	大多数致命

表 1-5　电压对人体的影响

电压/V	接触时对人体的影响	备注
10	全身在水中，跨步电压界限为 10V/m	
20	湿手的安全界限	
30	干燥手的安全界限	

续表

电压/V	接触时对人体的影响	备注
45	对生命没有危险的界限	
100～200	危险性极大，危及人的生命	
3000	被带电体吸引	最小安全距离 15cm
>10000	有被弹开而脱险的可能	最小安全距离 20cm

人体的电阻分为皮肤电阻（潮湿时约为 2000Ω，干燥时为 5000Ω）和体内电阻（150～500Ω）。随着电压升高，人体电阻相应降低。触电时，如果有皮肤破裂，则人体电阻会骤然降低，电流会危及人的生命。

（2）防止触电的措施　操作者必须严格遵守下列操作规定。

① 电气设备要有可靠的接地线，一般要用三眼插座。

② 严禁带电操作。如果在特殊情况下需带电操作，必须穿上绝缘胶鞋及戴橡胶手套等防护用具。

③ 安装漏电保护接置。一般规定其动作电流不超过 30mA，切断电源时间应低于 0.1s。

④ 严禁随意拖拉电线，经常检查电线是否老化、裸露。

⑤ 对使用高电压、大电流的实验，必须穿上绝缘胶鞋，戴橡胶手套，且不能单独作业。

⑥ 实验室内的电气设备的功率不要超过电源的总负荷。

⑦ 进行实验之前必须了解室内总电闸与分电闸的位置，以便出现用电事故时及时切断各电源。

⑧ 在接通实验设备电源之前，必须认真检查电气设备和电路是否符合规定要求，对于直流电设备应检查正负极是否接对。必须搞清楚整套实验装置的启动和停车操作顺序，以及紧急停车的方法。

⑨ 在接触或者操控电气设备时，人体与设备的导电部分不能直接接触，更不允许用湿手去接触或操作。所有的电气设备在带电时不能用湿布进行擦拭，更不能让水落在电气设备上。不允许用电笔去试高压电。

⑩ 电气设备维修时必须停电作业。如接保险丝时，一定要先拉下电闸后再进行操作。

⑪ 所有的电气设备在带电时不能用湿布擦拭，更不能有水落于其上。电气设备要保持干燥清洁。

⑫ 带金属外壳的电器设备都应该保护接零，定期检查是否连接良好。

⑬ 导线的接头应紧密牢固，接触电阻要小。裸露的接头部分必须用绝缘胶布包好，或者用绝缘管套好。

⑭ 电源或电气设备上的保护熔断丝或保险管，都应按规定电流标准使用。严禁私自加粗保险丝或用铜或铝丝代替。当熔断保险丝后，一定要查找原因，消除隐患，再换上新的保险丝。

⑮ 电热设备不能直接放在木制实验台上使用，必须用隔热材料垫架，以防引起火灾。

⑯ 发生停电现象必须切断所有的电闸。防止操作人员离开现场后，因突然供电而导致电气设备在无人监视下运行。

⑰ 合闸动作要快，要合得牢。合闸后若发现异常声音或气味，应立即拉闸，进行检查。如发现保险丝熔断，应立刻检查带电设备是否有问题，切忌不经检查便换上熔断丝或保险管

就再次合闸，这样会造成设备损坏。

⑱ 离开实验室前，必须把分管本实验室的总电闸拉下。

⑲ 安全用电“九不准”：

a. 任何人不准玩弄电气设备和开关；

b. 非电工不准拆装、修理电气设备和用具；

c. 不准私拉、乱接电气设备；

d. 不准私用绝缘损坏的设备；

e. 不准私用电热设备取暖；

f. 不准用自来水冲洗电气设备；

g. 熔丝熔断，不准调换容量不符的熔丝；

h. 不准使用正在检修中的电气设备；

i. 不准擅自移动电气安全标志、围栏等安全设施。

⑳ 触电急救。发现有人触电，不可惊慌失措。应采取正确的方法，以最快的速度使触电者脱离电源。然后一方面迅速向医疗部门呼救；另一方面根据触电者具体情况，迅速对症救护，一般是采用人工呼吸法和胸外心脏挤压法进行抢救。

触电抢救必须注意：

a. 救护人不可直接用手或其他金属或潮湿的物体作为救护工具，而必须用绝缘工具。最好一只手操作，以防自己触电。

b. 触电者在高处时，应考虑防摔措施。

c. 在未摆脱电源之前，千万不能触及触电人的身体，以防触电。

d. 触电现场应采取警戒措施，防止其他人再误入触电。

e. 触电事故如发生在夜间，应迅速解决临时照明。

㉑ 人工呼吸。人工呼吸即人工帮助呼吸的救命方法。一般有仰卧压胸式、仰卧牵臂式、俯卧压背法和口对口人工呼吸法四种。

在施人工呼吸时要注意：

a. 要将患者放到空气新鲜、温度适宜的地方，防止患者着凉。

b. 要解除妨碍呼吸的衣裤等，上半身裸露，两足平行直放。不可使患者口鼻触地。

c. 清除口内的假牙、黏膜、血液等杂物，并检查患者有无锁骨、肋骨等骨折情况。

d. 人工呼吸需不间断施行。压力要均匀，速度相等，每分钟应当保持在 14～16 次。

（四）高压容器安全技术

1. 高压钢瓶

高压容器一般可分成两大类：固定式和移动式。实验室常用的固定式容器有高压釜、直流管式反应器、无梯度反应器及压力缓冲器等。移动式压力容器主要是压缩气瓶及液化气瓶等。压力容器的压力等级分类见表 1-6。常用钢瓶的特征见表 1-7。

表 1-6　压力容器的压力等级分类

类别	工作压力 p/MPa	类别	工作压力 p/MPa
低压容器	$0.1 \leqslant p < 1.6$	高压容器	$10 \leqslant p < 100$
中压容器	$1.6 \leqslant p < 10$	超高压容器	$p \geqslant 100$

表 1-7　常用钢瓶的特征

气体名称	瓶身颜色	标字颜色	装瓶压力/MPa	状态	性质
氧气瓶	天蓝色	黑色	15	气	助燃
氢气瓶	深绿色	红色	15	气	可燃
氮气瓶	黑色	黄色	15	气	不燃
氦气瓶	棕色	白色	15	气	不燃
氨钢瓶	黄色	黑色	3	液	不燃(高温可燃)
氯钢瓶	黄绿色	白色	3	液	不燃(有毒)
二氧化碳瓶	银白色	黑色	12.5	液	不燃
二氧化硫瓶	灰色	白色	0.6	液	不燃(有毒)
乙炔钢瓶	白色	红色	3	液	可燃

气瓶是实验室常用的一种移动式压力容器。一般由无缝碳素或合金钢制成，适用装入压力在 15MPa 以下的气体或常温下与饱和蒸气压相平衡的液化气体。由于其使用范围广，流动性大，因此，若不加以重视往往容易引发事故。

各类气体钢瓶按所充气体不同，涂有不同的标记以资识别，有关特征见表 1-7。

2. 高压钢瓶的使用规范

（1）气瓶使用前要阅读瓶体上的标签，尤其要注意有毒气体及易燃气体的标识。

（2）打开气体钢瓶的总阀门，高压表显示瓶内气体的总压力，沿着顺时针方向缓慢转动减压阀调压手柄，直至压力表显示出实验所需的压力。

（3）要经常检查减压阀是否关紧，即逆时针旋转调压手柄，直至螺杆松动为止。

（4）停止使用时，先关闭总阀门，等待减压阀内的余气散尽后，再关闭减压阀。

① 氧气钢瓶、氢气钢瓶等可燃气体钢瓶应放置在离电源至少 5m 的地方。钢瓶应直立放置并加固。避免日晒，远离热源，室内严禁明火。

② 搬运钢瓶应小心，防止掉倒和撞击，以免撞断阀门引发事故。

③ 氢、氧气钢瓶的减压阀，由于结构不同，丝扣相反，不准改用。氧气钢瓶阀门及减压阀严禁黏附油脂。

④ 开启钢瓶时，操作者应侧对气体出口处，在减压阀与钢瓶接口处无漏情况下，应首先打开钢瓶阀，然后调节减压阀。关气应先关闭钢瓶阀，放尽减压阀中余气后，再松开减压阀螺杆。

⑤ 为防止其他气体倒灌，高压钢瓶内的气体（液体）不得完全用尽，使用后的低压液化气瓶的余压应控制在 0.3～0.5MPa 内，高压气瓶余压在 0.5MPa 左右。

⑥ 领用高压气瓶（尤为可燃、有毒的气体）应先通过感观和异味来检察是否泄漏，对有毒气体可用皂液（氧气瓶不可用此方法）及其他方法检查钢瓶是否泄漏，若有泄漏应拒绝领用。在使用中发生泄漏，应关紧钢瓶阀，注明漏点，并由专业人员处理。

3. 注意事项

（1）气瓶必须定期送有关部门进行检验，经过检验合格的气瓶方可使用。

（2）气瓶即使在温度不高的情况下受到猛烈撞击，或不小心将其碰倒跌落，都有可能引起爆炸。因此，钢瓶在运输过程中，要轻搬轻放，避免跌落撞击，使用时要固定牢靠，防止碰倒。更不允许用铁锤、扳手等金属器具敲打钢瓶。

（3）当气瓶受到明火或阳光等热辐射的作用时，气体因受热而膨胀，会使瓶内压力增大。当压力超过工作压力时，就有可能发生爆炸。因此，在钢瓶运输、保存和使用时，应远离热源（明火、暖气、炉子等），并避免长期在日光下暴晒，尤其在夏天更应注意。

（4）钢瓶中气体不要全部用净。一般钢瓶使用到压力为 0.5MPa 时，应停止使用。因为压力过低会给充气带来不安全因素，当钢瓶内压力与外界大气压力相同时，会造成空气的进入，充气时易发生爆炸事故。

（5）当钢瓶安装好减压阀和连接管线后，每次使用前都要在瓶阀附近用肥皂水检查，确认不漏气才能使用。对于有毒或易燃易爆气体的气瓶，除了保证严密不漏外，最好单独放置在远离实验室的房间里。

（6）易燃易爆气体的输送应控制流速不能过快，同时在输出管路上应采取防静电措施。

（7）气瓶必须放置牢固，随时防止倾倒。

（8）瓶阀是钢瓶中关键部件，必须保护好，且必须注意以下几点：

① 必须使用和钢瓶型号匹配的专用减压阀和压力表。尤其是氢气和氧气不能互换，为了防止氢和氧两类气体的减压阀混用造成事故，氢气表和氧气表的表盘上都注明有氢气表和氧气表的字样。氢及其他可燃气体瓶阀，连接减压阀的连接管为左旋螺纹；而氧等不可燃烧气体瓶阀，连接管为右旋螺纹。

② 要注意保护瓶阀。开关瓶阀时一定要搞清楚方向缓慢转动，旋转方向错误和用力过猛会使螺纹受损，可能冲脱而出，造成重大事故。关闭瓶阀时，不漏气即可，不要关得过紧。用毕和搬运时，一定要盖上保护瓶阀的安全帽。

③ 若瓶内存放的是氧、氢、二氧化碳和二氧化硫等，瓶阀应用铜和钢制成。当瓶内存放的是氨，则瓶阀必须用钢制成，以防腐蚀。

④ 氧气瓶阀严禁接触油脂。因为高压氧气与油脂相遇，会引起燃烧，以至爆炸。开关氧气瓶时，切莫用带油污的手和扳手。

⑤ 瓶阀发生故障时，应立即报告指导教师。严紧擅自拆卸瓶阀上任何零件。

（五）实验事故的应急处理

在实验操作过程中，由于多种原因可能发生危害事故，如火灾、烫伤、中毒、触电等。在紧急情况下必须在现场立即进行处理，以减小损失，避免造成更大的危害。常用的应急处理方法如下。

（1）火灾处理　发生火灾时，应选用适当的消防器材及时灭火。如果是电器发生火灾，应立即切断电源，然后进行灭火，如果无法切断电源，则不能用水来灭火，应使用窒息法灭火。若火势较大，应立即报告消防部门。

（2）危险气体泄漏处理　由于设备漏、冲、冒等原因使可燃、可爆物质逸散在室内，不可随意切断电源（包括仪器设备上的电源开关）或推上电源开关（如打开通风设备的电源开关等），以防止电源开关启动或关闭的瞬间发生的微弱火花，引发可燃、可爆物质在空气中爆燃，造成重大伤亡事故。正确的处理方法是，应该打开门窗进行自然通风，切断相邻室内的火源，及时疏散人员，有条件可用惰性气体冲淡室内气体，同时立即报告消防部门。

（3）中毒事故处理　发生中毒事故时，可就地采取如下应急处理方法，并立即联系医疗救助部门。

① 急性呼吸系统中毒。立即将患者转移到空气新鲜的地方，解开衣服，放松身体。若

呼吸能力减弱时，要马上进行人工呼吸。

② 口服中毒时，为降低胃中药品的浓度、延缓毒物侵害速度，可口服牛奶、淀粉糊、橘子汁等。也可用3%～5%小苏打溶液或1∶5000高锰酸钾溶液洗胃，边喝边呕吐，可用手指、筷子等压舌根进行催吐。

③ 皮肤、眼、鼻、咽喉受毒物侵害时，应立即用大量水进行冲洗。尤其当眼睛发生毒物侵害时不要使用化学解毒剂以防造成二次伤害。

(4) 烫伤或烧伤事故处理　烫伤或烧伤现场急救可采取冷敷法。立即用温度为10～15℃冷却水冲洗伤口，若不能用水直接进行洗涤冷却时，可用经水润湿的毛巾包上冰片，敷于烧伤面上，但要注意经常移动毛巾以防同一部位过冷，同时立即送医院治疗。

(5) 触电事故的处理

① 迅速切断电源，如不能及时切断电源，应立即用绝缘的东西使触电者脱离电源。

② 将触电者移至适当地方，解开衣服，使全身舒展，并立即找医生进行处理。

③ 如触电者已处于休克状态，要立即实施人工呼吸及心脏按摩，直至救护医生到现场。

(六) 实验室环保知识

实验室排放的废液、废气、废渣严禁直接排放到河流、下水道和大气中去，以免污染环境，危害自身或危及他人的健康。实验室环保应注意如下问题。

(1) 实验药品或中间产品必须贴上标签，注明物质名称和来源，防止因误用或使用不当而发生事故。

(2) 处理有毒或带有刺激性的物质时，必须在通风橱内进行，防止物质散逸在室内。

(3) 废液应根据其物质性质的不同而分别集中在废液桶内，贴明标签，便于处理。在集中废液时要注意，有些废液是不可以混合的，如过氧化物和有机物、盐酸等挥发性酸与不挥发性酸、铵盐及挥发性胺与碱等。

(4) 对接触过有毒物质的器皿、滤纸、容器等要分类收集后集中处理。

(5) 一般的酸碱处理，必须在进行中和后用水大量稀释，才能排放到地下水槽。

(6) 在处理废液、废物等时，一般都要戴上防护眼镜和橡胶手套。对具有刺激性、挥发性的废液处理时，要戴上防毒面具，在通风橱内进行。

第二章　实验设计与数据处理

在科学研究中，经常需要通过实验来探求研究对象的变化规律，如何提高产率、降低消耗、提高产品的性能和质量、确定最佳工艺条件等，特别是新产品更是如此。

只有科学地进行实验设计，才能用较少的实验次数，在较短的时间内达到预期的实验目标；反之，不合理的实验设计，往往会浪费大量的人力、物力和财力，甚至徒劳无获。另外，随着实验的进行，会得到大量的实验数据，只有对实验数据进行合理的分析和处理，才能获得研究对象的变化规律，达到实验的目的。可见，最优实验方案的获得，必须兼顾实验设计方法和数据处理两方面，两者相辅相成。

一、实验设计

在实验设计前，首先应对所研究的问题有一个深入的认识，如实验目的、影响实验结果的因素、每个因素的变化范围等，然后才能选择合理的实验设计方法，达到科学安排实验的目的。在科学实验中，实验设计一方面可以减少实验过程的盲目性，使实验过程更有计划；另一方面还可以从众多的实验方案中，按一定的规律挑选出少数具有代表性的实验。

根据确定的实验内容，拟定一个具体的实验安排表来指导实验的进程。化学工程与工艺专业实验通常涉及多变量多水平的实验设计，由于不同变量、不同水平所构成的实验点在操作可行域中的位置不同，对实验结果的影响也不同，因此，合理地安排和组织实验，用最少的实验获取有价值的实验结果，成为实验设计的主要内容。实验设计方法的研究经历了经验向科学的发展过程，其中具有代表性的有析因设计法、正交设计法、序贯设计法、均匀设计法和配方设计法。

（一）析因设计法

析因设计也叫作全因子实验设计，就是实验中所涉及的全部实验因素的各水平全面组合形成不同的实验条件，每个实验条件下进行两次或两次以上的独立重复实验。析因设计法是一种多因素的交叉分组设计方法，它不仅可检验每个因素各水平间的差异，而且可检验各因素间的交互作用。两个或多个因素如存在交互作用，表示各因素不是各自独立的，而是一个因素的水平有改变时，另一个或几个因素的效应也相应有所改变；反之，如不存在交互作用，表示各因素具有独立性，一个因素的水平有所改变时不影响其他因素的效应。析因设计可以提供三方面的重要信息：

① 各因素不同水平的效应大小；

② 各因素间的交互作用；

③ 通过比较各种组合，找出最佳组合。

析因设计要求每个因素的不同水平都要进行组合，因此对剖析因素与效应之间的关系比较透彻，当因素数目和水平数都不太大，且效应与因素之间的关系比较复杂时，常常被推荐使用。析因设计具有如下特点：

① 同时观察多个因素的效应，提高了实验效率；

② 能够分析各因素间的交互作用；

③ 容许一个因素在其他各因素的几个水平上来估计其效应，所得结论在实验条件的范围内是有效的。

析因设计的最大优点是所获得的信息量很多，可准确地估计各实验因素的主效应的大小，还可估计因素之间各级交互作用效应的大小。最大缺点是当所考察的实验因素和水平较多时，需要较多的实验次数，因此耗费的人力、物力和时间也较多，如三个因素各有三个水平时，要进行的实验组数达到 $3\times3\times3=27$。一般因素数不超过 4，水平数不超过 3。

（二）正交设计法

正交设计法是研究多因素多水平的一种设计方法，它是根据正交性从全面实验中挑选出部分有代表性的点进行实验，这些有代表性的点具备了“均匀分散，齐整可比”的特点。正交设计法是分析因式设计的主要方法，是一种高效率、快速、经济的实验设计方法。日本著名的统计学家田口玄一将正交实验选择的水平组合列成表格，称为正交表。例如做一个三因素三水平的实验，按全面实验要求，需进行 $3^3=27$ 种组合实验，且尚未考虑每一组合的重复数。若按 $L_9(3^3)$ 正交表安排实验，只需进行 9 次实验，这就大大减少了工作量。因此，正交设计在很多领域的研究中已经得到广泛应用。

正交设计法根据正交配置的原则，从各因子、各水平的可行域空间中选择最有代表性的搭配来组织实验，综合考察各因子的影响。正交表是根据正交原理设计的，已规范化的表格是正交设计中安排实验和分析实验结果的基本工具。正交表的表示方法为 $L_n(K^N)$，其中，L 表示正交表的代号，n 表示实验的次数，K 表示实验水平数，N 表示列数，也就是可能安排最多的因素个数。

用正交表安排实验具有两个特点，充分地体现了正交表的两大优越性，这两个特点就是“均匀分散性，整齐可比性”。

① 每一列中，不同的数字出现的次数相等。例如，在两水平正交表中，任何一列都有数码“1”与“2”，且任何一列中它们出现的次数是相等的；在三水平正交表中，任何一列都有“1”“2”“3”，且在任一列的出现次数均相等。

② 任意两列中数字的排列方式齐全且均衡。例如，在两水平正交表中，任何两列（同一横行内）有序对子共有 4 种：(1，1)、(1，2)、(2，1)、(2，2)。每种对数出现次数相等。在三水平情况下，任何两列（同一横行内）有序对共有 9 种，即 (1，1)、(1，2)、(1，3)、(2，1)、(2，2)、(2，3)、(3，1)、(3，2)、(3，3)，且每对出现次数也均相等。由于正交表的设计有严格的数学理论作为依据，从统计学的角度充分考虑了实验点的代表性、因子水平搭配的均衡性以及实验结果的精度等，所以用正交表安排实验具有实验次数少、数据准确、结果可信度高等优点，在多因子多水平工艺实验的操作条件寻优、反应动力

学方程的研究中经常采用。

正交设计包括两部分：一是实验设计；二是数据处理。基本步骤可简单归纳如下。

（1）明确实验目的，确定评价指标　任何一个实验都是为了解决一个或若干个问题而进行的，所以任何一个正交实验都应该有一个明确的目的。

实验指标是正交实验中用来衡量实验结果的特征量。实验指标有定量指标和定性指标两种。定量指标是直接用数量表示的指标，如产量、效率、尺寸、强度等；定性指标是不能直接用数量表示的指标，如颜色、手感、外观等表示实验结果特征的值。

（2）挑选因素，确定水平　影响实验指标的因素往往很多，但由于实验条件所限，不可能全面考察，所以应对实际问题进行具体分析，并根据实验目的，选出主要因素，略去次要因素，以减少要考察的因素数。挑选的实验因素不应过多，一般以 3～7 个为宜，以免加大无效实验工作量。若第一轮实验后达不到预期目的，可在第一轮实验的基础上，调整实验因素，再进行实验。

确定因素的水平数时，一般重要因素可多取一些水平；各水平的数值应适当拉开，以利于对实验结果的分析。当因素的水平数相等时，有利于实验数据处理。最后，列出因素水平表。

以上两点主要根据专业知识和实践经验来确定，是正交设计的基础。

（3）选正交表，进行表头设计　根据实验因素数和水平数来选择合适的正交表。一般要求，实验因素数≤正交表列数，实验因素的水平数与正交表对应的水平数一致，在满足上述条件的前提下，可选择较小的表。例如，对于 4 因素 3 水平的实验，满足要求的表有 L_9（3^4）、L_{27}（3^{13}）等，一般可以选择 L_9（3^4）。但是如果要求精度高，并且实验条件允许，可以选择较大的表。若各实验因素的水平数不相等，一般应选用相应的混合水平正交表；若考虑实验因素间的交互作用，应根据交互作用的多少和交互作用安排原则选用正交表。

表头设计就是将实验因素安排到所选正交表相应列中。当实验因素数等于正交表列数时，优先将水平改变较困难的因素放在第 1 列，水平变换容易的因素放到最后一列，其余因素可任意安排；当实验因素数小于正交表列数，表中有空列时，若不考虑交互作用，空列可作为误差列，其位置一般放在中间或靠后。

（4）明确实验方案，进行实验，得到结果　根据正交表和表头设计确定每个实验的方案，然后进行实验，得到以实验指标形式表示的实验结果。

（5）对实验结果进行统计分析　对正交实验结果的分析，通常采用两种方法：一种是直观分析法（或称极差分析法），另一种是方差分析法。通过实验结果分析可以得到因素主次顺序、优方案等有用信息。

（6）进行验证实验，做进一步分析　优方案是通过统计分析得到的，还需要进行实验验证，以保证优方案与实际一致，否则还需要进行新的正交实验。

（三）序贯设计法

序贯设计法是一种更科学的实验方法，将最优化的设计思想融入实验设计中，采取边设计、边实施、边总结、边调整的循环运作模式。根据前期实验提供的信息，通过数据处理和寻优，搜索出最灵敏、最可靠、最有价值的实验点作为后续实验的内容，周而复始，直至得到理想的结果。这种方法既考虑了实验点因子水平组合的代表性，又考虑了实验点的最佳位置，使实验始终在效率最高的状态下运行，从而提高了实验结果的精度，缩短了研究周期。

序贯设计法可分为登山法和消去法两类。其中，登山法是逐步向最优化目标逼近的过程，就像登山一样朝山顶（最高峰）挺进；消去法则是不断地去除非优化的区域，使得优化目标存在的范围越来越小，就像去水抓鱼一样逐步缩小包围圈，最终获得优化实验条件。在单因素优选法中，常用的有黄金分割法、分数法、对分法和抛物线法；在多因素优选法中，常用的有最陡坡法、单纯形法和改进的单纯形调优法。

在化工过程开发的实验研究中，序贯设计法尤其适用于模型鉴别与参数估计类实验中。当采用序贯设计法进行实验设计时，实验设计、实验测定、数据处理这三个步骤是交叉进行的。

(四) 均匀设计法

均匀设计法是由我国数学家方开泰教授和王元教授于 1978 年提出的。它是一种只考虑实验点在实验范围内均匀散布的一种实验设计方法。与正交设计类似，均匀设计也是通过一套精心设计的均匀表来安排实验的。由于均匀设计考虑了实验点的“均匀散布”，而不考虑“整齐可比”，因而可以大大减少实验次数，这是它与正交设计的最大不同之处。例如，在因素数为 5 、各因素水平数为 31 的实验中，若采用正交设计来安排实验，则至少要做 $31^2=961$ 次实验，但若采用均匀设计，则只需要做 31 次实验。可见，均匀设计在实验因素变化范围较大，需要取较多水平时，可以极大地减少实验次数。

用均匀表来安排实验与正交设计的步骤很相似，但也有一些不同之处。均匀设计的一般步骤如下。

（1）明确实验目的，确定实验指标。如果实验要考察多个指标，还要将各指标进行综合分析。

（2）选因素。根据实际经验和专业知识，挑选出对实验指标影响较大的因素。

（3）确定因素的水平。结合实验条件和以往的实践经验，先确定各因素的取值范围，然后在这个范围内取适当的水平。由于 U_n 奇数表的最后一行，各因素的最大水平序号相遇，如果各因素的水平序号与水平实际数值的大小顺序一致，则会出现所有因素的高水平或低水平相遇的情形，如果是化学反应，则可能出现因反应太剧烈而无法控制的现象，或者反应太慢，得不到实验结果。为了避免这些情况，可以随机排列因素的水平序号，另外使用 U_n^* 均匀表也可以避免上述情况。

（4）选择均匀表。这是均匀设计很关键的一步，一般根据实验的因素数和水平数来选择，并首选 U_n^* 表。但是，由于均匀设计实验结果多采用多元回归分析法，在选表时还应注意均匀表的实验次数与回归分析的关系。

（5）进行表头设计。根据实验的因素数和该均匀表对应的使用表，将各因素安排在均匀表相应的列中，如果是混合水平的均匀表，则可省去设计表头这一步。需要指出的是，均匀表中的空列，既不能安排交互作用，也不能用来估计实验误差，所以在分析实验结果时不用列出。

（6）明确实验方案，进行实验。其实验方案的确定与正交实验是类似的。

（7）实验结果统计分析。由于均匀表没有整齐可比性，实验结果不能用方差分析法，可采用直观分析法和回归分析法。

① 直观分析法。如果实验目的只是为了寻找一个可行的实验方案或确定适宜的实验范围，就可以采用直观分析法，直接对所得到的几个实验结果进行比较，从中挑出实验指标最好的实验点。由于均匀设计的实验点分布均匀，用上述方法找到的实验点一般距离最佳实验

点也不会很远，所以该法是一种非常有效的方法。

② 回归分析法。均匀设计的回归分析一般为多元回归分析，通过回归分析可以确定实验指标与影响因素之间的数学模型，确定因素的主次顺序和优方案等。但是根据实验数据推导数学模型，计算量大，一般需借助相关的计算机软件进行分析计算。

（五）配方设计法

配方问题是工业生产及科学实验中经常遇到的一类问题，在化工、医药、食品、材料等工业领域，许多产品都由多种组分按照一定的比例进行混合加工而成，这类产品的质量指标只与各组分的百分比相关，而与混料总量无关。为了提高产品质量，实验者要通过实验得到各种成分比例与指标的关系，以确定最佳的产品配方。

配方设计又称为混料实验设计，目的就是合理地选择少量的实验点，通过一些不同配比的实验，得到实验指标与成分之间的回归方程，并进一步探讨组成与实验指标之间的内在规律。配方设计的方法很多，如单纯形格子点设计、单纯形重心设计、配方均匀设计等。

在配方实验或混料实验中，如果用 y 表示实验指标，$x_1, x_2, \cdots, x_m$ 表示配方中 m 种组分各占的百分比，显然每个组分的比例必须是非负的，而且它们的总和必须是 1，所以混料约束条件为

$$x_j \geqslant 0, j=1,2,\cdots,m$$
$$x_1+x_2+\cdots+x_m=1$$

可见，在配方实验中，实验因素为各组分的百分比，而且是无量纲的，这些因素一般是不独立的，所以往往不能直接使用前面介绍的用于独立变量的实验设计方法。

配方设计要建立实验指标 y 与混料系统中各组分 x_j 的回归方程，再利用回归方程来求取最佳配方。混料约束条件决定了混料配方设计中的数学模型，不同于一般回归设计中所采用的模型。同时，混料配方设计的回归分析具有自己的特点，最佳配方可以通过对回归方程的分析而获得。

单纯形格子点设计和单纯形重心设计虽然比较简单，但是实验点在实验范围内的分布并不十分均匀，且实验边界上的实验点过多，缺乏典型性。因此，常常采用均匀设计思想来进行配方设计，即配方均匀设计。

在配方问题中，各组分百分比的变化范围要受约束条件的限制，所以在几何上，各分量 x_j 的变化范围可由一个 $m-1$ 维正规单纯形来表示。正规单纯形的顶点代表单一成分组成的混料，棱上的点代表两种成分组成的混料，面上的点代表多于两种而少于或等于 m 种成分组成的混料，而单纯形内部的点则代表全部 m 种成分组成的混料。对于无约束的配方设计，m 种组分的实验范围是单纯形，如果需要比较 n 种不同的配方，这些配方对应单纯形中的 n 个点，配方均匀设计的思想就是使这 n 点在单纯形中散布尽可能均匀。设计方案可用以下步骤获得：

（1）根据混料中的组分数 m 和实验次数 n，选择合适的等水平均匀表 U_n 或 U_n^* 表，这里要求均匀表中所能安排的因素数不小于 m，然后根据均匀表的使用表，选择相应的 $m-1$ 列进行变换。例如，若实验次数 $n=7$，组分数 $m=3$，则可以选择均匀表 U_7（7^4）或 U_7^*（7^4）中的 $m-1$ 列（第 1、3 列）进行变换。

（2）如果用 q_{ji} 表示所选均匀表第 j 列中的第 i（$i=1,2,\cdots,n$）个数，将这个数进行如下转换：

$$C_{ji}=\frac{2q_{ji}-1}{2n},\ j=1,2,\cdots,m-1$$

(3) 将 $\{C_{ji}\}$ 转换成 $\{x_{ji}\}$，计算公式如下：

$$x_{ji}=(1-C_{ji}^{\frac{1}{m-j}})\prod_{k=1}^{j-1}C_{ki}^{\frac{1}{m-k}}$$

$$x_{mi}=\prod_{k=1}^{m-1}C_{ki}^{\frac{1}{m-k}}$$

上式中 $\prod$ 为连乘符。

于是 $\{x_{ji}\}$ 就给出了对应于 n、m 的配方均匀设计，并用代号 $UM_n(n^m)$ 或 $UM_n^*(n^m)$ 表示，其中 n 表示实验次数，m 表示组分数。

配方均匀表规定了每号实验中每种组分的百分比，这些实验点均匀地分散在实验范围内，用配方均匀设计安排好实验后，获得实验指标 y_i（$i=1,2,\cdots,n$）时的值，实验结果的分析采用直观分析或回归分析。

二、数据处理

合理的实验设计只是实验成功的充分条件，如果没有实验数据的分析计算，就不可能对所研究的问题有一个明确的认识，也不可能从实验数据中寻找到规律性的信息，所以实验设计都是与一定的数据处理方法相对应的。实验数据处理在科学实验中的作用主要体现为如下几点：

(1) 通过误差分析，可以评判实验数据的可靠性；

(2) 确定影响实验结果的因素主次，从而可以抓住主要矛盾，提高实验效率；

(3) 确定实验因素与实验结果之间存在的近似函数关系，并能对实验结果进行预测和优化；

(4) 获得实验因素对实验结果的影响规律，为控制实验提供思路；

(5) 确定最优的实验方案或配方。

(一) 误差分析

1. 误差来源

实验过程中，误差是不可避免的。引起误差的原因很多，主要有以下几种。

(1) 模型误差　数学模型只是对实际问题的一种近似描述，因而它与实际问题之间必然存在误差。

(2) 实验误差　数学模型中总包含一些变量，它们的值往往是由实验观测得到的。实验观测是不可能绝对准确的，由此产生的误差为实验误差。

(3) 截断误差　一般数学问题常常难以求出精确解，需要简化为较易求解的问题，以简化问题的解作为原问题的近似解，这样由于简化问题所引起的误差称为方法误差或截断误差。

(4) 舍入误差　在计算过程中往往要对数字进行舍入，无穷小数和位数很多的数必须舍入成一定的位数，由此产生的误差称为舍入误差。

2. 误差的分类

实验误差根据其性质和来源不同，可分为三类：系统误差、随机误差和过失误差。

(1) 系统误差是由仪器误差、方法误差和环境误差构成的误差，即仪器性能欠佳、使用不当、操作不规范，以及环境条件的变化引起的误差。系统误差是实验中潜在的弊端，若已知其来源，应设法消除。若无法在实验中消除，则应事先测出其数值的大小和规律，以便在数据处理时加以修正。

（2）随机误差是实验中普遍存在的误差，这种误差从统计学的角度看，具有有界性、对称性和抵偿性，即误差仅在一定范围内波动，不会发散，当实验次数足够大时，正、负误差将相互抵消，数据的算术平均值将趋于真值。因此，不易也不必去刻意地消除它。

（3）过失误差是由于实验者的操作失误造成的显著误差。这种误差通常造成实验结果的扭曲。在原因清楚的情况下，应及时消除。若原因不明，应根据统计学的准则进行判别和取舍。

3. 误差的表达

在误差表达中所涉及的几个概念是数据的真值、绝对误差、相对误差、算术均差和标准误差。

（1）数据的真值　实验测量值的误差是相对于数据的真值而言的。严格地讲，真值应是某量的客观实际值。然而，在通常情况下，绝对的真值是未知的，只能用相对的真值来近似。在化工专业实验中，常采用三种相对真值，即标准真值、统计真值和引用真值。

① 标准真值就是用高精度仪表测量值的平均值作为真值。要求高精度仪表的测量精度必须是低精度仪表的 5 倍以上。

② 统计真值就是用多次重复实验测量的平均值作为真值。重复实验次数越多，统计真值越趋近于实际真值，由于趋近速度是先快后慢，故重复实验的次数取 3～5。

③ 引用真值就是引用文献或手册上那些已被前人的实验证实，并得到公认的数据作为真值。

（2）绝对误差与相对误差　绝对误差与相对误差在数据处理中被用来表示物理量的某次测定值与其真值之间的误差。

绝对误差的表达式为
$$d_i=|x_i-X|$$

相对误差的表达式为
$$r_i=\frac{|d_i|}{X}\times 100\%=\frac{|x_i-X|}{X}\times 100\%$$

式中，x_i 为第 i 次测定值；X 为真值。

（3）算术均差和标准误差　算术均差和标准误差在数据处理中被用来表示一组测量值的平均误差。其中，算术均差的表达式为

$$\delta=\frac{\sum_{i=1}^{n}|x_i-\overline{x}|}{n}=\frac{\sum_{i=1}^{n}|d_i|}{n},\overline{x}=\frac{\sum_{i=1}^{n}x_i}{n}$$

式中，n 为测量次数；x_i 为第 i 次测定值；$\overline{x}$ 为 n 次测得值的算术均值。

算术均差和标准误差是实验研究中常用的精度表示方法，其中因为标准误差对一组数据中的较大误差或较小误差比较敏感，能够更好地反映实验数据的离散程度，因而在化工专业实验中被广泛采用。

（二）误差的传递

在实际过程中，被测物理量不能直接测定，需要通过间接测定得到。一般先对精密度较高而又容易测定的物理量进行直接测定，然后借助已知函数进行推算。

（1）误差传递的基本关系式　若 y 是直接测定量 x 的函数，即 $y=f(x_1,x_2,\cdots,x_n)$，由于误差相对于测定量而言是较小的量，因此可将上式按照泰勒级数展开，略去二阶导数以上的项，可得函数 y 的绝对误差 Δy 的表达式：

$$\Delta y=\frac{\partial f}{\partial x_1}\Delta x_1+\frac{\partial f}{\partial x_2}\Delta x_2+\cdots+\frac{\partial f}{\partial x_n}\Delta x_n$$

式中，Δx_i 为直接测量值的绝对误差；$\frac{\partial f}{\partial x_i}$ 为误差传递系数。

（2）函数误差传递的关系式　函数误差 Δy 不仅与各测量值的误差 Δx_i 有关，而且与相应的误差传递系数有关。不考虑各测量值误差实际上相互抵消的可能性，函数的最大绝对误差和相对误差为

$$\Delta y=\sum_{i=1}^{n}\left|\frac{\partial f}{\partial x_i}\Delta x_i\right|,\quad \frac{\Delta y}{y}=\sum_{i=1}^{n}\left|\frac{\partial f}{\partial x_i}\frac{\Delta x_i}{y}\right|$$

根据误差传递的基本公式，求取不同函数形式的误差及其精度，以对实验结果做出正确的判断。

（三）数值计算中应注意的问题

在实验数据处理和模型计算过程中，需要注意以下问题。

（1）在数据处理过程中的四舍五入问题：

① 大于 5 时进 1；

② 小于 5 时舍去；

③ 等于 5 时，双数舍去，单数进 1。

（2）由于误差的影响，计算过程中可能出现一些现象，需要避免如下几点：

① 避免两个相近的数相减；

② 避免大数“吃”小数的现象；

③ 避免除数的绝对值远小于被除数的绝对值；

④ 简化计算，减少运算次数，提高效率；

⑤ 选用数值稳定性好的算法。

三、实验数据的处理

实验数据的处理是实验研究中的一个重要环节。由实验获得的大量数据，必须经过正确的分析、处理和关联，才能明确各变量间的定量关系，从中获得有价值的信息和规律。实验数据的处理常有三种方法：列表法、图示法和回归公式法。

（一）列表法

列表法是将实验的原始数据、运算数据和最终结果直接列举在各类数据表中以得到最终实验数据的一种数据处理方法。根据记录内容的不同，数据表主要分为两种：原始数据记录表和实验结果记录表。其中，原始数据记录表是在实验前预先制定的，记录的内容是未经任何运算处理的原始数据。实验结果记录表的内容是经过运算和整理得出的主要实验结果，简明扼要，直接反映主要实验指标和操作参数之间的关系。列表的要求：

① 要写出所列表的名称，列表要简单明了，便于看出有关量之间的关系和处理数据；

② 列表要标明符号所代表物理量的意义（特别是自定的符号），并写明单位，单位及量值的数量级写在该符号的标题栏中，不要重复记在各个数值上；

③ 列表的形式不限，根据具体情况，决定列出哪些项目，有些个别的或与其他项目联系不大的数据可以不列入表内，列入表中的除原始数据外，计算过程中的一些中间结果和最后结果也可以列入表中；

④ 表中所列数据要正确反映测量结果的有效数字。

（二）图示法

图示法是以曲线的形式简明地将实验结果进行表达的常用方法。由于图示法能直观地显示变量间存在的极值点、转折点、周期性及变化趋势，尤其在一些没有解析解的条件下，图示求解是数据处理的有效手段。

1. 作图规则

为了使图线能够清楚地反映出变化规律，并能比较准确地确定有关量值或求出有关常数，在作图时必须遵守以下规则：

(1) 作图必须用坐标纸。当决定了作图的参量以后，根据情况选用直角坐标纸、极坐标纸或其他坐标纸。

(2) 坐标纸的大小及坐标轴的比例，要根据测得值的有效数字和结果的需要来定。原则上讲，数据中的可靠数字在图中应为可靠的。常以坐标纸中小格对应可靠数字最后一位的一个单位，有时对应比例也适当放大些，但对应比例的选择要有利于标实验点和读数。最小坐标值不必都从零开始，以便作出的图线大体上能充满全图，使布局美观、合理。

(3) 标明坐标轴。对于直角坐标系，要以自变量为横轴，以因变量为纵轴。用粗实线在坐标纸上描出坐标轴，标明其所代表的物理量（或符号）及单位，在轴上每隔一定间距标明该物理量的数值。

(4) 根据测量数据，实验点要用“+”“×”“⊙”“△”等符号标出。

(5) 把实验点连接成图线。由于每个实验数据都有一定的误差，所以图线不一定要通过每个实验点。应该按照实验点的总趋势，把实验点连成光滑的曲线（仪表的校正曲线不在此列），使大多数的实验点落在图线上，其他的点在图线两侧均匀分布，这相当于在数据处理中取平均值。对于个别偏离图线很远的点，要重新审核，进行分析后决定是否应剔除。

(6) 作完图后，在图的明显位置上标明图名、作者和作图日期，有时还要附上简单的说明，如实验条件等，使读者能一目了然，最后要将图粘贴在实验报告上。

2. 作图法求直线的斜率、截距和经验公式

若在直角坐标纸上得到的图线为直线，并设直线的方程为 $y=kx+b$，则可用如下步骤求直线的斜率、截距和经验公式。

(1) 在直线上选两点 $A(x_1, y_1)$ 和 $B(x_2, y_2)$。为了减小误差，A、B 两点应相隔远一些，但仍要在实验范围之内，并且 A、B 两点一般不选实验点。用与表示实验点不同的符号将 A、B 两点在直线上标出，并在旁边标明其坐标值。

(2) 将 A、B 两点的坐标值分别代入直线方程 $y=kx+b$，可解得斜率 $k=\frac{y_2-y_1}{x_2-x_1}$。

(3) 如果横坐标的起点为零，则直线的截距可从图中直接读出；如果横坐标的起点不为零，则可用下式计算直线的截距：

$$b=\frac{x_2y_1-x_1y_2}{x_2-x_1}$$

（4）将求得的 k、b 的数值代入方程 $y=kx+b$ 中，就得到经验公式。

（三）实验结果模型化

实验结果的模型化就是采用数学手段，将离散的实验数据回归成某一特定的函数形式，用以表达变量的相互关系，这种方法称为回归分析法。

回归分析法是研究变量间相关关系的一种数学方法，是数理统计学的一个重要分支。用回归分析法处理实验数据的步骤：

① 选择和确定合适的回归方程形式，即数学模型；

② 用实验数据确定回归方程中的模型参数；

③ 检验回归方程的等效性。

1. 确定回归方程

回归方程形式的选择和确定有以下三种方式：第一，根据理论知识、实践经验或前人的类似工作，选定回归方程的形式；第二，将实验数据标绘成曲线，观察其接近于哪一种常用的函数图形，据此选择方程的形式；第三，先根据理论和经验确定可能性较大的方程形式，然后用实验数据分别拟合，并运用概率论、信息论的原理模型对模型进行筛选，以确定最佳模型。

2. 模型参数的估计

当回归方程的形式确定后，要使模型能够真正表达实验结果，必须用实验数据对方程进行拟合，进而确定方程中的模型参数。

参数估值的指导思想：由于实验中各种随机误差的存在，实验响应值与数学模型的计算值不可能完全吻合，但可以通过调整模型参数，使模型计算值尽可能逼近实验数据，使两者的残差趋于最小，从而达到最佳的拟合状态。根据这个指导思想，并考虑到不同实验点的正、负残差有可能相互抵消而影响拟合的精度，拟合过程宜采用最小二乘法进行参数估值。

最小二乘法可用于线性或非线性、单参数或多参数数学模型的参数估计，其求解的一般步骤：

① 将选定的回归方程线性化（对复杂的非线性函数，应尽可能采取变量转换或分段线性化的方法，使之转化为线性函数）；

② 将线性化的回归方程代入目标函数，然后对目标函数求极值，将目标函数分别对待估参数求偏导数，并令偏导数为零，得到一组正规方程；

③ 由正规方程组联立求解出待估参数。

最小二乘法原理：设在某一实验中，可控制的物理量取 $x_1, x_2, \cdots, x_m$ 值时，对应的物理量依次取 $y_1, y_2, \cdots, y_m$ 值。假定对 x_i 值的观测误差很小，而主要误差都出现在 y_i 的观测上。显然，如果从（x_i，y_i）中任取两组实验数据，就可以得出一条直线，只不过这条直线的误差有可能很大。直线拟合的任务便是用数学分析的方法从这些观测到的数据中求出最佳的经验公式 $y=kx+b$。按这一经验公式作出的图线不一定能通过每一个实验点，但是它是以最接近这些实验点的方式穿过它们的。很明显，对应于每一个 x_i 值，测得值 y_i 和最佳经验公式中的 y 值之间存在一偏差 δy_i，我们称 δy_i 为测得值 y_i 的偏差，即

$$\delta y_i = y_i - y = y_i - (k x_i + b), i=1,2,\cdots,n$$

如果各测得值 y_i 的误差相互独立且服从同一正态分布，当 y_i 的偏差的平方和为最小时，得到最佳经验公式。若以 S 表示 δy_i 的平方和，它应满足

$$S=\sum\delta_{yi}^{2}=\sum[y_i-(kx_i+b)]^2=\min \text{（极小）}$$

式中，x_i和y_i是测得值，都是已知量，所以解决直线拟合的问题就变成了由实验数据组（x_i，y_i）来确定k和b的过程。

令S对k的偏导数为零，即

$$\frac{\partial S}{\partial k}=-2\sum(y_i-kx_i-b)x_i=0$$

整理得

$$\sum x_iy_i-k\sum x_i^2-b\sum x_i=0$$

令S对b偏导数为零，即

$$\frac{\partial S}{\partial b}=-2\sum(y_i-kx_i-b)=0$$

整理得

$$\sum y_i-k\sum x_i-nb=0$$

由上解得

$$k=\frac{\sum x_i\sum y_i-n\sum x_iy_i}{(\sum x_i)^2-n\sum x_i^2},\quad b=\frac{\sum x_i\sum x_iy_i-\sum x_i^2y_i}{(\sum x_i)^2-n\sum x_i^2}$$

将得出的k和b的数值代入直线方程$y=kx+b$中，即得最佳的经验公式。另外，得

$$b=\frac{\sum y_i}{n}-k\frac{\sum x_i}{n}$$

式中，$\frac{\sum y_i}{n}$和$\frac{\sum x_i}{n}$分别为y_i的平均值（$\overline{y}$）和x_i的平均值（$\overline{x}$），即上式可写为$b=\overline{y}-k\overline{x}$，代入方程$y=kx+b$中，得

$$y-\overline{y}=k(x-\overline{x})$$

由上式可看出最佳直线是通过（$\overline{x}$，$\overline{y}$）这一点的。因此，严格地说，在作图时应将点（$\overline{x}$，$\overline{y}$）在坐标纸上标出。作图时应将作图的直尺以点（$\overline{x}$，$\overline{y}$）为轴心来回转动，使各实验点与直尺边线的距离最近而且两侧分布均匀，然后沿直尺的边线画一条直线，即为所求的直线。

在该过程中需要注意，在采用最小二乘法处理前一定要先用作图法作图，以剔除异常数据。

（四）实验结果的统计检验

统计检验是对实验效应能否确立和程度大小的一种数学推断方法，以考察和评价实验结果的可靠程度，从中获得有价值的实验信息。

统计检验的目的是评价实验指标和变量之间，或模型计算值与实验值之间是否存在相关性，以及相关的密切程度如何。检验方法：

① 首先建立一个能够表征实验指标y和变量x之间相关密切程度的数量指标，称为统计量；

② 假设y与x不相关的概率α，根据假设的不相关概率从专门的统计检验表中查出统计量的临界值；

③ 将查出的临界统计量与由实验数据算出的统计量进行比较，便可判别y与x相关的显著性。判别标准见表2-1，通常称α为置信度或显著性水平。

表 2-1 显著性水平的判别标准

显著性水平 α	检验判据	相关性
0.01	计算统计量>临界统计量	高度显著
0.05	计算统计量>临界统计量	显著
0.1	计算统计量<临界统计量	不显著

常用的统计检验方法有相关系数法和方差分析法。

1. 相关系数法

在实验数据模型化表达方法中，通常利用现象回归将实验结果表示成线性函数。为了检验回归直线与离散的实验数据点之间的符合程度或密切程度，提出相关系数 r 的概念。相关系数的表达式为

$$r=\frac{\sum(x_i-\overline{x})(y_i-\overline{y})}{\sqrt{\sum(x_i-\overline{x})^2(y_i-\overline{y})^2}}$$

当 $r=1$ 时，y 与 x 完全正相关，实验点均落在回归直线 $\hat{y}=a+bx$ 上。当 $r=-1$ 时，y 与 x 完全负相关，实验点均落在回归直线 $\hat{y}=a-bx$ 上。当 $r=0$ 时，则表示 y 与 x 无线性关系。如果 r 达到 0.999，则说明实验数据的线性关系良好，各实验点聚集在一条直线附近。

一般情况下，判断 x 和 y 之间的线性相关程度，就必须进行显著性检验。

2. 方差分析法

方差分析是从整体上对回归方程的适用性做出判断。模型和实验结果的偏差来自两方面：一是实验本身的误差，二是模型的欠缺。

实验误差一般可通过重复实验确定，即在相同的实验条件下重复进行测定，各测定值和平均测定值之差的平方和，称为误差平方和，残差平方和与误差平方和之差反映了模型的欠缺，称为欠缺平方和。适用的模型应符合

$$\frac{\text{欠缺平方和}}{\text{误差平方和}}<F$$

式中，F 可根据实验点数、参数个数和选定的置信度由 F 分布表查出。

第三章　基础数据测试实验

实验一　二元系统气液平衡数据的测定

气液平衡数据是化学工业发展新产品、开发新工艺、减少能耗、进行“三废”处理的重要基础数据之一。化工生产中的蒸馏和吸收等分离过程设备的设计、改造与革新以及对最佳工艺条件的选择，都需要精确可靠的气液平衡数据。这是因为化工生产过程都要涉及相间的物质传递，故这种数据的重要性是显而易见的。此外，在溶液理论研究中提出了各种各样描述溶液内部分子间相互作用的模型，准确的平衡数据还是对这些模型的可靠性进行检验的重要依据。

一、实验目的

（1）了解和掌握用双循环气液平衡器测定二元气液平衡数据的方法；

（2）通过实验了解平衡釜的构造，掌握气液平衡数据的测定方法和技能；

（3）了解缔合系统气-液平衡数据的关联方法，从实验测得的 T-p-X-Y 数据计算各组分的活度系数；

（4）学会二元气液平衡相图的绘制。

二、实验原理

气液平衡数据的测定是在一定温度、压力下，在已建立的气液相平衡体系中，分别取气相和液相样品，测定其浓度。本实验采用的是使用最广泛的循环法，以该方法测定气液平衡数据的平衡釜类型虽多，但基本原理相同，如图 3-1 所示。当体系达到平衡时，两个容器的组成不随时间变化，这时从 a 和 b 两容器中取样分析，即可得到一组平衡数据。

当达到平衡时，除了两相的温度和压力分别相等外，每一组分化学位也相等，即逸度相等，其热力学基本关系为：

$$f_i^{\mathrm{L}}=f_i^{\mathrm{V}} \tag{3-1}$$

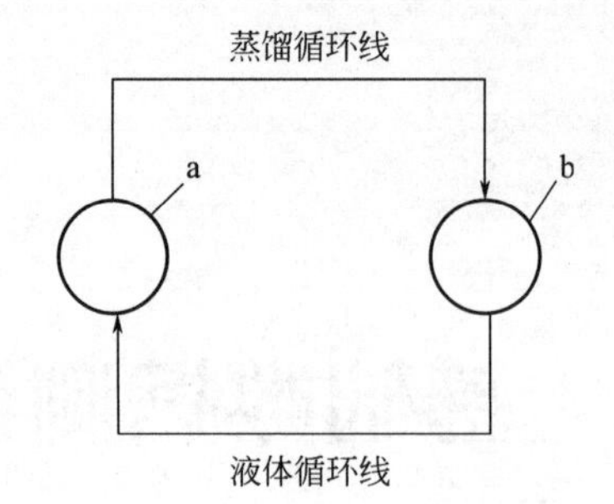

图 3-1 平衡法测定气液平衡原理图

$$\Phi_i p y_i = \gamma_i f_i^0 x_i \tag{3-2}$$

常压下，气相可视为理想气体，再忽略压力对流体逸度的影响，$f_i = p_i^0$ 从而得出低压下气液平衡关系式为：

$$p y_i = \gamma_i p_i^0 x_i \tag{3-3}$$

式中 p——体系压力（总压）；

p_i^0——纯组分 i 在平衡温度下的饱和蒸气压，可用 Antoine 公式计算；

x_i、y_i——组分 i 在液相和气相中的摩尔分数；

γ_i——组分 i 的活度系数。

由实验测得等压下气液平衡数据，则可用

$$\gamma_i = \frac{p y_i}{x_i p_i^0} \tag{3-4}$$

计算出不同组成下的活度系数。

三、实验装置

本实验采用改进的 Ellis 气液两相双循环型蒸馏器，其结构如图 3-2 所示。

该设备用作常压下气液平衡数据的测定。一定配比的乙酸与水装入平衡釜中，在磁力搅拌下开启电加热系统，使料液沸腾，气液相经平衡釜蛇管充分混合后于平衡温度测量口喷出，测得气液平衡温度，气相经冷凝器冷凝后存于贮存器中，多余冷凝液回至平衡釜中。物料经此过程循环一定时间后达气液平衡。分析平衡气、液相组成，可获得有关的热力学参数。改进的 Ellis 蒸馏器测定气液平衡数据较准确，操作也较简便，但仅适用于液相和气相冷凝液都是均相的系统。

四、操作步骤

（1）加料：从加料口加入配制好的乙酸-水二元溶液。为便于实验，乙酸溶液的浓度应大于 60%，最好在 80%以上。

（2）开启冷却水。

（3）开加热：调节加热智能仪表，使电热丝微微发红即可。

（4）保温：当釜中物料开始沸腾，调节上下保温智能仪表的加热电压，使平衡温度逐趋稳定，气相温度控制在比平衡温度高 0.5～1℃，保温的目的在于防止气相部分冷凝。

（5）平衡的判断：①平衡温度计读数恒定；②气相冷凝液循环 15min 以上。

（6）取样：整个实验过程中必须注意蒸馏速率、平衡温度和气相温度的数值，不断加以

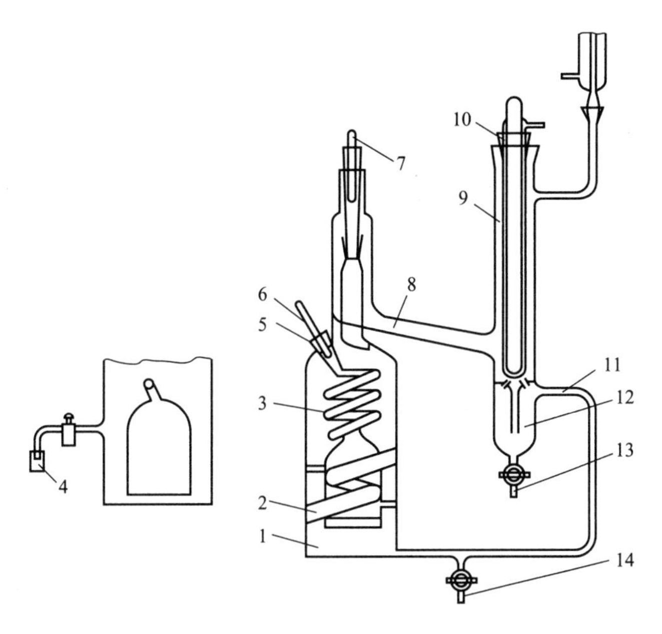

图 3-2 改进的 Ellis 气液两相双循环型蒸馏器

1—蒸馏釜；2—加热夹套内插电热丝；3—蛇管；4—液体取样口；5—进料口；6—测定平衡温度的温度计；7—测定气相温度的温度计；8—蒸气导管；9,10—冷凝器；11—气体冷凝液回路；12—冷凝液贮器；13—气相冷凝液取样口；14—放料口

调整，经半小时至1h稳定后，记录平衡温度及气相温度读数。读取大气压力计的大气压力。迅速取约8mL的气相冷凝液及液相于干燥、洁净的取样瓶中。

从平衡釜取样以前，先记录平衡温度及气相温度读数，记录平衡温度计暴露部分的读数，读取大气压力计的读取压力，然后分别从平衡釜2个取样口放料约5mL于干净的取样瓶中。

（7）分析：用化学分析法或气相色谱法分析气、液两相组成，得到$W_{HAc_{气}}$及$W_{HAc_{液}}$两液体质量分数。

（8）实验结束后，先把加热及保温电压逐步降低到零，切断电源，待釜内温度降至室温，关冷却水，整理实验仪器及实验台。

五、数据处理

（1）乙酸浓度的计算

$$W_{乙酸}=\frac{CV}{m\times100}\times60.06\times100\%$$

式中 C——NaOH的浓度，mol/L；

V——滴定耗去的NaOH的体积；

m——分析样品的质量；

60.06——乙酸的分子量。

（2）平衡温度校正　测定实际温度与读数温度的校正：

$$t_{实际}=t_{观}+0.00016n(t_{观}-t_{室})$$

式中 $t_{观}$——温度计指示值；

$t_{室}$——室温；

n——温度计暴露出部分的读数。

沸点校正：

$$t_p = t_{实际} + 0.000125(t+273)(760-p)$$

式中　t_p——换算到标准大气压（0.1MPa）下的沸点；

p——实验时大气压力（换算为 mmHg）。

计算活度系数γ_A，γ_B。

（3）将t_p，$W_{HAc_{气}}$，$W_{HAc_{液}}$输入计算机，计算表中参数。

计算结果列入下表

p_A^0	n_B^0	n_{A1}^0	n_{A1}	n_{A2}	n_B	γ_A	γ_B

（4）在二元气液平衡相图中，将本实验附录中给出的乙酸-水二元体系的气液平衡数据做成光滑的曲线，并将本次实验的数据标绘在相图上。

六、预习与思考

（1）为什么即使在常低压下，乙酸蒸气也不能当作理想气体看待？

（2）本实验中气液两相达到平衡的判据是什么？

（3）设计用 0.1mol/L NaOH 标准液测定气液两相组成的分析步骤，并推导平衡组成计算式。

（4）如何计算乙酸-水二元体系的活度系数？

（5）为什么要对平衡温度做压力校正？

（6）本实验装置如何防止气液平衡釜闪蒸、精馏现象发生？如何防止暴沸现象发生？

七、结果与讨论

（1）计算实验数据的误差，分析误差的来源。

（2）为何液相中 HAc 的浓度大于气相？

（3）若改变实验压力，气液平衡相图将做如何变化，试用简图表明。

（4）用本实验装置，设计做出本系统气液平衡相图操作步骤。

八、注意事项

（1）平衡釜加热前先开冷凝水。

（2）平衡釜开始加热时电压不宜过大，以防物料冲出。

（3）应注意乙酸的腐蚀性，取样时佩戴相应的防护用品。

（4）实验过程中注意秩序，防止拥挤碰撞仪器，损坏玻璃平衡釜。

（5）从进料口加入配制好的乙酸与水溶液，加至内插加热电热丝盘管上方约 5cm 以上，否则会烧裂平衡釜中的盘管，烧断电热丝。

（6）分析时针头上沾着的液体，应用卷筒纸吸走。

附件 1　乙酸-水二元体系气液平衡数据的关联

No	t/℃	x_{HAc}	y_{HAc}	No	t/℃	x_{HAc}	y_{HAc}
1	118.1	1.00	1.00	7	104.3	0.50	0.356
2	115.2	0.95	0.90	8	103.2	0.40	0.274
3	113.1	0.90	0.812	9	102.2	0.30	0.199
4	109.7	0.80	0.664	10	101.4	0.20	0.316
5	107.4	0.70	0.547	11	100.3	0.05	0.037
6	105.7	0.60	0.452	12	100.0	0	0

附件 2　乙酸-水二元体系气液平衡数据的关联

在处理含有乙酸-水的二元气液平衡问题时，若忽略了气相缔合计算活度，关联往往失败，此时活度系数接近于1，恰似一个理想的体系，但它却不能满足热力学一致性。如果考虑在乙酸的气相中有单分子、两分子和三分子的缔合体共存，而液相中仅考虑单分子体的存在，在此基础上用缔合平衡常数对表观蒸气组成的蒸气压修正后，计算出液相的活度系数，这样计算的结果就能符合热力学一致性，并且能将实验数据进行关联。

为了便于计算，下面介绍一种简化的计算方法。

首先，考虑纯乙酸的气相缔合。认为乙酸在气相部分发生二聚而忽略三聚。因此，气相中实际上是单分子体与二聚体共存，它们之间有一个反应平衡关系，即

$$2HAc \rightleftharpoons (HAc)_2$$

缔合平衡常数

$$K_2=\frac{p_2}{p_1^2}=\frac{\eta_2}{p\,\eta_1^2} \tag{3-5}$$

式中，η_1、η_2为气相乙酸的单分子体和二聚体的真正摩尔分数，由于液相不存在二聚体，所以气体的压力是单体和二聚体的总压，而乙酸的逸度则是指单分子的逸度，气相中单体的摩尔分数为η_1，而乙酸逸度是校正压力，应为

$$f_A=p\,\eta_1$$

η_1与n_1、n_2的关系如下：

$$\eta_1=\frac{n_1}{n_1+n_2}$$

现在考虑乙酸-水的二元溶液，不计入H_2O与HAc的交叉缔合，则气相就有三个组成：HAc、$(HAc)_2$、H_2O，所以

$$\eta_1=\frac{n_1}{n_1+n_2+n_{H_2O}}$$

气相的表观组成和真实组成之间有下列关系：

$$y_A=\frac{(n_1+2n_2)/n_{总}}{(n_1+2n_2+n_{H_2O})/n_{总}}=\frac{n_1+2n_2}{n_1+2n_2+n_{H_2O}}$$

将$n_1+n_2+n_{H_2O}=1$的关系代入上式，得

$$y_A=\frac{\eta_1+2\eta_2}{1+\eta_2} \tag{3-6}$$

利用式(3-5) 和式(3-6) 经整理后得：

$$K_2 p\eta_1^2(2-y_A)+\eta_1-y_A=0 \tag{3-7}$$

用一元二次方程解法求出η_1，便可求得η_2和η_{H_2O}

$$\eta_2=K_2 p\eta_1^2$$

$$\eta_{H_2O}=1-(\eta_1+\eta_2) \tag{3-8}$$

乙酸的缔合平衡常数与温度 t 的关系如下：

$$\lg K_2=-10.4205+3166/t \tag{3-9}$$

由组分逸度的定义得：

$$\hat{f}_A=p y_A\hat{\Phi}_A=p\eta_1$$

$$\hat{\Phi}_A=\eta_1/y_A$$

$$\hat{\Phi}_{H_2O}=\frac{\eta_{H_2O}}{y_{H_2O}} \tag{3-10}$$

对于纯乙酸，$y_A=1$，$\Phi_A^0=\eta_1^0$；因低压下的水蒸气可视作理想气体，故$\Phi_{H_2O}^0=1$，其中η_1^0可根据纯物质的缔合平衡关系求出：

$$K_2=\frac{\eta_2^0}{p(\eta_1^0)^2}$$

$$\eta_1^0+\eta_2^0=1$$

$$K_2 p_A^0(\eta_1^0)^2+\eta_1^0-1=0 \tag{3-11}$$

解一元二次方程可得η_1^0。

利用气液平衡时组分在气液二相的逸度相等的原理，可求出活度系数γ_i。

$$p\eta_i=p_i^0\eta_i^0 x_i\gamma_i$$

即

$$\gamma_{HAc}=\frac{p\eta_1}{p_{HAc}^0\eta_1^0 x_{HAc}}$$

$$\gamma_{H_2O}=\frac{p\eta_{H_2O}}{p_{H_2O}^0 x_{H_2O}}$$

式中饱和蒸气压p_{HAc}^0，$p_{H_2O}^0$可由下面二式得：

$$\lg p_{HAc}^0=7.1881-\frac{1416.7}{t+211}$$

$$\lg p_{H_2O}^0=7.9187-\frac{1636.909}{t+224.92}$$

符号说明

n——组分的摩尔分数；

p——压力；

p^0——饱和蒸气压；

t——摄氏温度；

x——液相摩尔分数；

y——气相摩尔分数；

γ——活度系数；

η——气相中组分的真正摩尔分数。

下标

A——乙酸。

实验二
三元系统液液平衡数据的测定

液液平衡数据是液液萃取塔设计及生产操作的主要依据，平衡数据的获得目前尚依赖于实验测定。

一、实验目的

（1）测定乙酸-水-乙酸乙烯酯在25℃下的液液平衡数据。

（2）用乙酸-水、乙酸-乙酸乙烯酯两对二元系统的气液平衡数据，求得三元液液平衡数据。

（3）通过实验，了解三元系统液液平衡数据测定方法，掌握实验操作技能。

（4）学会分析和绘制三角形相图。

二、实验原理

三元液液平衡数据的测定，有直接和间接两种方法。直接法是配制一定组成的三元混合物，在恒温下充分搅拌接触，达到两相平衡。静置分层后，分别测定两相的溶液组成，并据此标绘平衡结线。此法可以直接获得相平衡数据，但对分析方法要求比较高。

间接法是先用浊点法测出三元体系的溶解度曲线，并确定溶解度曲线上的各点的组成与某一可检测量（如折射率、密度等）的关系，然后再测定相同温度下平衡结线数据，这时只需根据溶解度曲线决定两相的组成。对于乙酸-水-乙酸乙烯酯这个特定的三元体系，由于分析乙酸最为方便，因此来用浊点法测定溶解度曲线，并按此三元溶解度数据，对水层以乙酸及乙酸乙烯酯为坐标进行标绘，对油层以乙酸及水为坐标进行标绘，画成曲线，以备测定联结线时应用。然后配制一定的三元混合物，经搅拌，静止分层后，分别取出两相样品，分析其中的乙酸含量，由已知的溶解度曲线查出另一组分的含量，并用减量法确定第三组分的含量。

本实验采用间接法测定乙酸、水、乙酸乙烯酯这个特定的三元系的液液平衡数据。

三、实验装置

（1）木质恒温箱（其结构如图3-3所示）的作用原理是：由电加热并用风扇搅动气流，

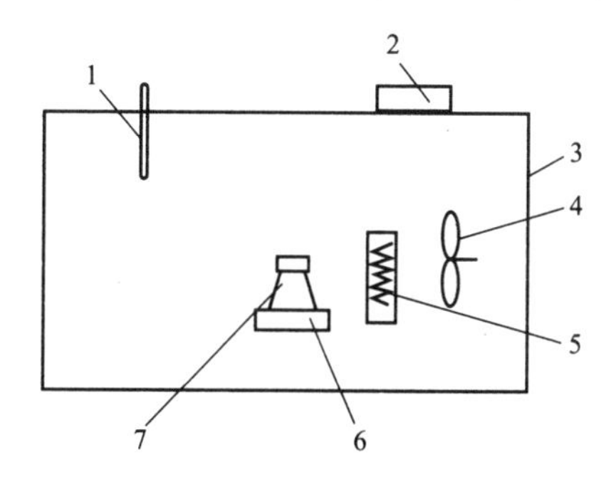

图3-3　实验恒温装置示意图

1—导体温度计；2—恒温控制器；3—木箱；4—风扇；5—电加热器；6—电磁搅拌器；7—三角烧瓶

促使箱内温度均匀，温度由半导体温度计测量，并由恒温控制器控制加热温度。实验前应先接通电源进行加热，使温度达到25℃，并保持恒温。

（2）实验仪器：电光分析天平，具有侧口的100mL三角磨口烧瓶及医用注射器等。

（3）实验药品：乙酸、乙酸乙烯酯、去离子水、氢氧化钠等，它们的物理常数如下。

品名	沸点/℃	密度 ρ/(g/cm^3)
乙酸	118	1.049
乙酸乙烯酯	72.5	0.9312
水	100	0.997

四、实验步骤

（1）在干燥洁净的液液平衡配样瓶中，配制在部分互溶区的三元溶液约30g，配制时量取各组分的质量，用密度估计其体积。然后用2支滴定管分别加入水和乙酸乙烯酯，用10mL的移液管加入乙酸。各组分的加入量如下表，计算出三元溶液的浓度。

瓶号	水/mL	乙酸乙烯酯/mL	乙酸/mL
1	10	13	7
2	12	13	6
3	10	17	4
4	15	13	3

（2）将此盛有部分互溶的三角瓶按编号放入已调节到25℃的恒温箱中，用电磁搅拌20min，使系统达到平衡，然后，静止恒温10～15min，使其溶液分层。

（3）将三角瓶从恒温箱中小心地取出，用2个1mL的洗净干燥针筒，分别从三角瓶的上支口及下支口取样。上层样取1.0mL，下层样取0.5mL，在分析天平上称重后，分别快速打入事先已加入约10mL蒸馏水的锥形瓶中，利用酸碱中和法分析其中的乙酸含量，由溶解度曲线查出另一组成，并计算出第三组分的含量。

（4）按公式计算出上、下层乙酸的组成。

（5）由下层的乙酸含量查下层HAc-VAc关系图，得到乙酸乙酯的含量从而计算出水的含量；由上层的乙酸含量查上层HAc-H_2O关系图，得到上层平衡样中水的含量，从而计算出VAc的含量。

（6）实验结束，关掉磁力搅拌器，关掉电源。

五、数据处理

（1）绘制乙酸-水-乙酸乙烯酯三元体系的三角形相图，将实验测得的25℃三元液液平衡数据标绘在图上，并连接成一条光滑的曲线；

（2）将温度、溶液的HAc、H_2O、VAc质量分数输入计算机，得出两液相的计算值（以摩尔分数表示）及实验值（以摩尔分数表示）进行比较。

六、预习与思考

（1）请指出图3-4中，溶液的总组成点在A、B、C、D、E点会出现什么现象？

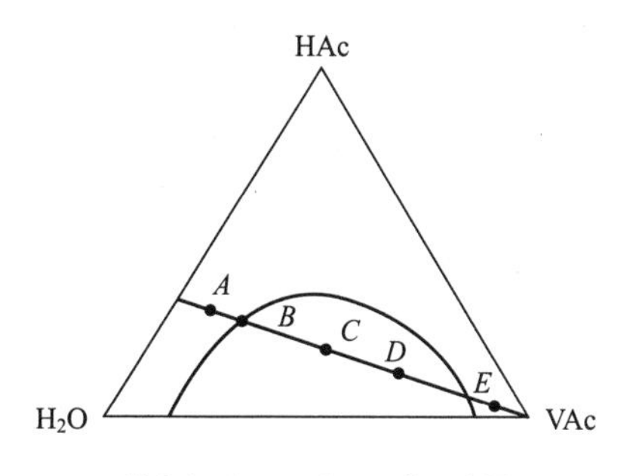

图 3-4　HAc-H_2O-VAc 的示意图

（2）何谓平衡联结线，有什么性质？

（3）本实验通过怎样的操作达到液液平衡？

（4）自拟用浓度为 0.1mol/L 的 NaOH 滴定法测定实验系统共轭两相中乙酸组成的方法和计算式。

（5）取样时应注意哪些事项，H_2O 及 VAc 的组成如何得到？

七、结果与讨论

（1）分析温度和压力对液液平衡的影响如何？

（2）分析实验误差的来源。

（3）试述做出三元液液平衡相图的方法。

八、注意事项

（1）实验中称量要尽可能准确，尽可能减少杂质。

（2）取样时动作要轻，避免破坏已经达到的平衡。

（3）从恒温箱中取出溶液时要小心，滴定时要按照要求进行滴定。

（4）针筒及针头应及时清洗。

附件 1　HAc-H_2O-VAc 三元系液液平衡溶解度数据（298K）

No	HAc	H_2O	VAc	No	HAc	H_2O	VAc
1	0.05	0.017	0.933	7	0.35	0.504	0.146
2	0.10	0.034	0.866	8	0.30	0.605	0.095
3	0.15	0.055	0.795	9	0.25	0.680	0.070
4	0.20	0.081	0.719	10	0.20	0.747	0.053
5	0.25	0.121	0.629	11	0.15	0.806	0.044
6	0.30	0.185	0.515	12	0.10	0.863	0.037

附件 2　三元液液平衡的推算

若已知互溶的两对二元气液平衡数据以及部分互溶的两对二元的液液平衡的数据，应用非线型最小二乘法，可求出各对二元活度系数关联式的参数。由于 Wilson 方程对部分互溶系统不适用，因此关联液平衡常采用 NRTL 或 UNIQUAC 方程。

当已计算出 $HAc-H_2O$、HAc-VAc、$VAc-H_2O$ 三对二元系的 NRTL 或 UNIQUAC 参数后可用 Null 法求出。

在某一温度下，已知三对二元的活度系数关联式参数，并已知溶液的总组成，即可计算平衡液相的组成。

令溶液的总组成为 x_{if}，分成两液层，一层为 A，组成为 x_{iA}，另一层为 B，组成为 x_{iB}，设混合物的总量为 1mol，其中液相 A 占 M mol，液相 B 占 $(1-M)$mol。对 i 组分进行物料衡算

$$x_{if}=x_{iA}+(1-M)x_{iB} \tag{3-12}$$

若将x_{iA}、x_{iB}、x_{if}在三角形坐标上标绘，则三点应在一根直线上。此直线称为共轭线。

根据液液平衡的热力学关系式：

$$\begin{gathered} x_{iA}\gamma_{iA}=x_{iB}\gamma_{iB} \\ x_{iA}=\frac{\gamma_{iB}}{\gamma_{iA}}x_{iB}=K_i x_{iB} \end{gathered} \tag{3-13}$$

式中，$K_i=\dfrac{\gamma_{iB}}{\gamma_{iA}}$。

将式(3-13) 代入式(3-12)

$$\begin{gathered} x_{if}=MK_i x_{iB}+(1-M)x_{iB}=x_{iB}(1-M+MK_i) \\ x_{iB}=\frac{x_{if}}{1+M(K_i-1)}=1 \end{gathered} \tag{3-14}$$

由于$\sum x_{iA}=1$ 及$\sum x_{iB}=1$

因此

$$\sum x_{iB}=\sum\frac{x_{if}}{1+M(K_i-1)}=1$$

$$\sum x_{iA}=\sum K_i x_{iA}=1$$

$$\sum x_{iB}-\sum x_{iA}=\sum\frac{x_{if}}{1+M(K_i-1)}-\sum\frac{K_i x_{if}}{1+M(K_i-1)}=0$$

经整理得

$$\sum\frac{x_{if}(K_i-1)}{1+M(K_i-1)}=0 \tag{3-15}$$

对三元系可展开为：

$$\frac{x_{1f}(K_1-1)}{1+M(K_1-1)}+\frac{x_{2f}(K_2-1)}{1+M(K_2-1)}+\frac{x_{3f}(K_3-1)}{1+M(K_3-1)}=0$$

γ_{iA}是 A 相组成及温度的函数，γ_{iB}是 B 相组成及温度的函数。x_{if}是已知数，先假定两相混合的组成。由式(3-13) 可求得 K_1、K_2、K_3，式(3-15) 中只有 M 是未知数，因此是个一元函数求零点的问题。

当已知温度，总组成，关联式常数，求两相组成的x_{iA}及x_{iB}的步骤如下：

(1) 假定两相组成的初值（可用实验值作为初值），求 K_i，然后求解式(3-15) 中的 M 值。

(2) 求得 M 后，由式(3-14) 得x_{iB}，由式(3-13) 得x_{iA}：

$$x_{iB}=\frac{x_{if}}{1+M(K_i-1)}$$

$$x_{iA}=K_i x_{iB}$$

（3）若满足判据

$$\left|\frac{\gamma_{iA}x_{iA}}{\gamma_{iB}x_{iB}}\right|-1\leqslant\varepsilon$$

则得计算结果，若不满足，则由上面求出的x_{iA}、x_{iB}求出 K_3；反复迭代，直至满足判据要求。

实验三 化学吸收系统气液平衡数据的测定

一、实验目的

气液相平衡数据的实验测定是化学吸收过程开发中必不可少的一项工作，也是评价和筛选化学吸收剂的重要依据，如工业气体净化和回收常用的吸收方法，为了从合成氨原料气、天然气、热电厂尾气、石灰窑尾气等工业气体中脱除 CO_2、H_2S、SO_2 等酸性气体，各种催化热钾碱吸收法和有机胺溶液吸收法被广泛采用。本实验采用气相内循环动态法测定 CO_2-乙醇胺（MEA）水溶液系统的气液平衡数据，拟达到如下目的：

（1）掌握气相内循环动态法快速测定气液相平衡数据的实验技术。

（2）学会通过相平衡数据的对比，优选吸收能力大、净化度高的化学吸收剂。

（3）加深对化学吸收相平衡理论的理解，学会用实验数据检验理论模型，建立有效的相平衡关联式。

二、实验原理

在化学吸收过程的开发中，相平衡数据的测定必不可少，因为它是工艺计算和设备设计的重要基础数据。由于在这类系统的相平衡中既涉及化学平衡又涉及溶解平衡，其气液平衡数据不能用亨利定律简单描述，也很难用热力学理论准确推测，必须依靠实验。气液平衡数据提供了两个重要的信息，一是气体的溶解度，二是气体平衡分压。从工业应用的角度看，溶解度体现了溶液对气体的吸收能力，吸收能力越大，吸收操作所需的溶液循环量越小，能耗越低。平衡分压反映了溶液对原料气的净化能力，平衡分压越低，对原料气的极限净化度越高。因此，从热力学角度看，一个性能优良的吸收剂应具备两个特征，一是对气体的溶解度大，二是气体的平衡分压低。

由热力学理论可知，一个化学吸收过程达到相平衡就意味着系统中的化学反应和物理溶解均达到平衡状态。若将平衡过程表示为：

$$\begin{array}{c}\text{A(气)}\\ \Vert\\ \text{A(液)}+\text{B(液)}=\!=\!=\text{M(液)}\end{array}$$

定义：m 为液相反应物 B 的初始浓度（mol/L）；θ 为平衡时溶液的饱和度，其定义式为：

$$\theta=\frac{\text{以反应产物 M 形式存在的 A 组分的浓度}}{\text{液相反应物 B 的初始浓度 } m}$$

a 为平衡时组分 A 的物理溶解量。

则平衡时，被吸收组分 A 在液相中的总溶解量为物理溶解量 a 与化学反应量 $m\theta$ 之和，由化学平衡和溶解平衡的关系联立求解，进而可求得气相平衡分压 p_A^* 与 θ 和 m 的关系。

在乙醇胺（MEA）水溶液吸收 CO_2 系统中，主要存在如下过程：

溶解过程： $$CO_2(g) = CO_2(l) \tag{3-16}$$

反应过程：$\theta<0.5$ 时， $$CO_2(l)+2RNH = RNH_2^+ + RNCOO^- \tag{3-17}$$

$\theta>0.5$ 时， $$RNCOO^- + CO_2 + 2H_2O = RNH_2^+ + 2HCO_3^- \tag{3-18}$$

当 $\theta<0.5$ 时，由式(3-16) 和式(3-17) 可知，平衡时液相中各组分的浓度分别为：

$$[RNH]=m(1-2\theta),\ [RNH_2^+]=m\theta,\ [RNCOO^-]=m\theta,\ [CO_2]=a$$

其中，$\theta=\frac{[RNCOO^-]}{m}$，$m=[RNH]$（即 MEA）的初始浓度。

由反应式(3-17) 的化学平衡可得：

$$K=\frac{[RNH_2^+][RNCOO^-]}{a\,[RNH]^2}=\frac{\theta^2}{a\,(1-2\theta)^2} \tag{3-19}$$

又由式(3-16) CO_2 的溶解平衡可得：

$$p_{CO_2}^*=Ha \tag{3-20}$$

将式(3-20) 代入式(3-19)，可得：

$$p_{CO_2}^*=\frac{H}{K}\left(\frac{\theta}{1-2\theta}\right)^2 \tag{3-21}$$

可见，当温度一定时，将式(3-21) 取对数，则 $\ln p_{CO_2}^*$ 与 $\ln[\theta/(1-2\theta)]$ 成线性关系，测定平衡分压 $p_{CO_2}^*$ 与溶液饱和度 θ，可确定平衡常数 $\frac{H}{K}$，若将不同温度下，实验测定平衡常数 $\frac{H}{K}$ 拟合，便可得到相平衡关系。

当 $\theta>0.5$ 时，联立式(3-17) 和式(3-18)，有

$$CO_2 + RNH + H_2O = RNH_2^+ + HCO_3^- \tag{3-22}$$

设 RNH 初始浓度为 m，H_2O 的初始浓度为 n，平衡时液相中各组分的浓度分别为：$[CO_2]=a$，$[RNH]=m(1-\theta)$，$[H_2O]=n-m\theta$，$[RNH_2^+]=[HCO_3^-]=m\theta$；由反应式(3-22) 的化学平衡可得：

$$K=\frac{m\theta^2}{a(1-\theta)(n-m\theta)} \tag{3-23}$$

将式(3-20) 代入式(3-23)，可得：

$$p_{CO_2}^*=\frac{H}{K}m\,\frac{\theta^2}{(1-\theta)(n-m\theta)} \tag{3-24}$$

可见，当温度和 MEA 初浓度 m 一定时，水初始浓度 n 也一定，通过实验测定平衡分压 $p_{CO_2}^*$ 与溶液饱和度 θ，可确定平衡常数 $\frac{H}{K}$，若将不同温度下，实验测定的平衡常数 $\frac{H}{K}$ 拟合，便可得到相平衡关系。

三、实验装置

实验采用气相内循环动态法快速测定气液吸收平衡，由磁力循环泵实现CO_2气体内循环；测定装置如图 3-5 所示。

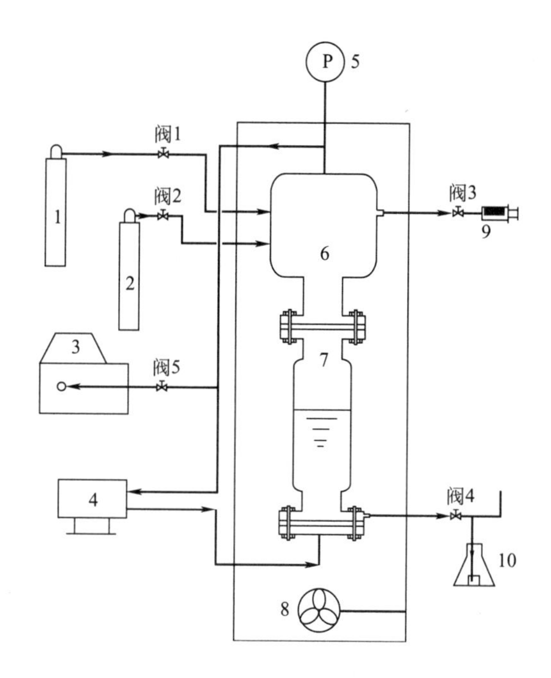

图 3-5　气相循环式高压气液平衡测试装置

1—N_2钢瓶；2—CO_2钢瓶；3—循环水真空泵；4—磁力泵；5—压力表；6—气相缓冲室；7—平衡池；8—风扇；9—针筒；10—液相采样瓶；阀 1，阀 2—气体进口阀；阀 3—气相采样阀；阀 4—液相采样阀；阀 5—真空泵连接阀

操作时，一定量的液体和气体被加入到由平衡室和气相室构成的空间内，液体静置，气体则通过一台磁力循环泵不断由气相室顶部抽出，由平衡室底部返回，在系统中循环。为保证吸收平衡池内温度稳定，加热室由双层不锈钢、双层玻璃隔热。

达到平衡后，分别取液相、气相分析。采用酸解法分析吸收液中CO_2含量（液相组成）气相组成由 CYS-Ⅱ型CO_2/O_2分析仪测定（CO_2含量）。

在这种实验装置中，由于循环气体不断地鼓泡通过液体，使两相充分接触，易于建立气液平衡，温度、压力稳定，数据准确度高。常用于化学吸收系统气液平衡数据的测定，适用范围为：温度 40～130℃，绝对压力 7×10^{-4}～7.0MPa。

四、操作步骤

（1）气密试验　开启N_2钢瓶，打开阀门 1，调节N_2钢瓶出口减压阀，使系统压力升至 0.5MPa 左右，关闭阀门 1 及平衡装置所有进出口阀，进行气密试验。

（2）加热　开启电源，设定恒温箱温度为 60℃，调节加热电压到 150V，同时打开风扇，保持加热均匀。

（3）置换　开启循环水泵，打开阀门 5，将系统抽真空，压力表显示压力接近

−0.1MPa，关闭阀门5，再关闭循环水泵（为防止水倒吸入系统中，开启时，先开泵后开阀门，关闭时，先关阀门后关泵）。

（4）加料　当平衡池内温度达到60℃，系统在负压状态下，缓慢打开阀门4，将预先配制的浓度为2.5mol/L乙醇胺水溶液加入平衡池内约120mL（应尽量避免大气鼓入系统内）。

（5）加压　先打开阀门1导入N_2，调节N_2钢瓶出口减压阀，使平衡池内压力升至0.2MPa后，关闭阀门1，再打开阀门2导入CO_2，调节CO_2出口减压阀，使系统总压升至0.5MPa左右，关闭阀门2（为防止N_2倒回CO_2管路，在打开阀门2前预先将CO_2出口压力调节至略高于平衡池内压力）。

（6）吸收平衡　开启磁力循环泵，循环气体不断鼓泡通过液体，平衡池内压力不断下降，当总压保持15min不变，可认为吸收达到平衡，记录此时压力$p_{表压}$。

（7）采样分析　先取液相，后取气相，尽量同时操作。

① 液相取样：取5mL浓度为2.5mol/L硫酸加入取样瓶外瓶，称重W_1后接入系统，小心开启阀门4，使液体滴加入取样瓶内瓶，采样1～2g，关闭阀门4，待分析；

② 气相取样：用塑料针筒插入气体取样口，小心开启阀门3，在压差作用下气体充满针筒，取8～10mL气体，迅速关闭阀门3，取样针筒用密封套密封，待分析。

（8）分析结束后，打开阀门2，调节CO_2出口减压阀，向池内补充一定量的CO_2，使系统总压升至0.5MPa左右，重复（7）、（8）步骤，获得不同CO_2分压下的气液平衡数据，本实验要求测定6～8个平衡数据。

五、数据处理

（1）数据记录表

室温________℃　大气压________ MPa　MEA初浓度________ mol/L　溶液密度________ g/L

序号	平衡池		气相分析	液相分析		
	温度/℃	压力/MPa	CO_2/%	量气管温度/℃	样品质量/g	CO_2/mL
1						
2						
3						
4						
5						

（2）液相饱和度的计算：

$$[RNCOO^-]=\frac{V_{CO_2}}{22400}\times\frac{273}{273+T}\times\frac{\rho}{W}$$

$$\theta=\frac{[RNCOO^-]}{m}=\frac{V_{CO_2}}{22400}\times\frac{273}{273+T}\times\frac{\rho}{Wm}\quad（物质的量比）$$

气相CO_2分压计算：

$$p^*_{CO_2}=p_{总压}y_{CO_2}=(p_{表压}+p_{大气压})y_{CO_2}$$

液相分析采用酸分解法，其原理就是将样品与H_2SO_4混合，将溶液中的CO_2分解出来，然后用量气管测量分解出来的CO_2气体体积，据此计算液相吸收CO_2浓度（CO_2 mL/g溶液），以及乙醇胺的转化度θ。

① 操作步骤：取 1～2g 置于反应瓶的内瓶中，然后，用移液管移取 5mL 浓度为 2.5mol/L 的 H_2SO_4 溶液置于反应瓶的外瓶内。

提高水准瓶，使量气管中的液面升至上部某刻度处，随即塞紧反应瓶瓶塞，使其不漏气后，移动水准瓶的高度，使水准瓶的液面与量气管内液面相平，记下此时量气管的读数 V_1。

摇动反应瓶，使瓶内 H_2SO_4 与样品充分混合，反应完全（瓶内无气泡发生）后举起水准瓶，将水准瓶的液面与量气管内液面对齐，记下量气管读数 V_2。

② CO_2 含量的计算方法　吸收液中 CO_2 的含量：

$$V_{CO_2}=(V_2-V_1)\varphi$$

式中　φ——校正系数，用于修正温度、压力对气体体积的影响。

$$\varphi=\frac{273.2}{T_0}\times\frac{p-p_{H_2O}}{101.3}$$

式中　p—— 大气压，kPa，由现场大气压力计读取；

T_0——量气管内的温度，K；

p_{H_2O}——温度 T_0（K）时的饱和水蒸气压，kPa；p_{H_2O} 计算公式为：$p_{H_2O}=0.1333\exp[18.3036-3816.44/(T-46.13)]$，kPa。

（3）将实验数据依式(3-21)、式(3-24)，求出 H/K 的值。

（4）列出实验结果表，在双对数纸上作图。

六、预习与思考

（1）一个性能优良的吸收剂，在相平衡的性能上应该具有哪些特征？为什么？

（2）化学吸收为什么能提高溶液的吸收能力，降低气体的平衡分压？

（3）化学吸收过程的相平衡与一般物理吸收相平衡有什么区别？

（4）本装置为何不适用于测定 CO_2分压很低（$p_{CO_2}<7\times10^{-4}$ MPa）时的相平衡数据？

七、结果与讨论

（1）如何判断系统是否达到平衡？

（2）用酸解法分析液相组成的操作要点是什么，可能的误差来源有哪些？

八、注意事项

（1）开启钢瓶前，应进行气密性试验；

（2）为防止水倒吸入系统中，开启循环泵时，应先开泵后开阀门，关闭时，先关阀门后关泵；

（3）为防止 N_2倒回 CO_2管路，在打开阀门 2 前预先将 CO_2出口压力调节至略高于平衡池内压力；

（4）利用酸解法分析液相组成时，应注意佩戴相应的防护措施，注意硫酸的腐蚀性。

符号说明

a——平衡时组分 A 的物理溶解量，mol/L；

φ—— 关联式系数；

θ——平衡时溶液的饱和度；

H——亨利常数；

K——化学平衡常数；

m——液相反应物的初始浓度，mol/L；

$p_{CO_2}^*$——CO_2平衡分压，MPa；

p——平衡池总压，MPa；

ρ——吸收溶液密度，g/L；

V_{CO_2}——酸分解释放的CO_2体积，mL；

W——液体样品质量，g；

y_{CO_2}——气相CO_2摩尔分数。

实验四 双驱动搅拌器气-液传质系数的测定

一、实验目的

气液传质系数是设计计算吸收塔的重要数据。工业上应用气液传质设备的场合非常多，而且处理物系又各不相同，加上传质系数很难完全用理论方法计算得到，因此最可靠的方法就是借用实验手段得到。测定气液传质系数的实验设备多种多样，而且都具有各自的优缺点。本实验所采用的双驱动搅拌吸收器不但可以测定传质系数，而且可以研究气液传质机理。

本实验的目的：

（1）了解双驱动搅拌吸收器的特点，明确该设备的使用场合；

（2）掌握气液传质系数测定方法，进而对气液传质过程有进一步的了解。

二、实验原理

气液传质过程中由于物系不同，其传质机理可能也不相同，被吸收组分从气相传递到液相的整个过程决定于发生在气液界面两侧的扩散过程以及在液相中的化学反应过程，化学反应又影响组分在液相中的传递。化学反应的条件、结果各不相同，影响组分在液相中传递的程度也不同，通常化学反应是促进了被吸收组分在液相中的传递。或者将这个过程的传质阻力分成气膜阻力与液膜阻力，就需要了解整个传质过程中哪一个是传质的主要阻力，进而采取一定的措施，或者提高某一相的运动速度，或者采用更有效的吸收剂，从而提高传质的速率。

气膜阻力为主的系统、液膜阻力为主的系统或者气膜阻力与液膜阻力相近的系统在实际操作中都会存在，在开发吸收过程中要了解某系统的吸收传质机理必须在实验设备上进行研究。双驱动搅拌吸收器的主要特点是气相与液相搅拌是分别控制的，搅拌速度可以分别调节，所以适应面较宽。可以分别改变气、液相转速测定吸收速率来判断其传质机理，也可以通过改变液相或气相的浓度来测定气膜一侧的传质速率或液膜一侧的传质速率。

测定某条件下的气液传质系数必须采取切实可行的方法测出单位时间单位面积的传质量，并通过操作条件及气液平衡关系求出传质推动力，由此来求得气液传质系数。传质量的计算可以通过测定被吸收组分进搅拌吸收器的量与出吸收器的量之差求得，或是通过测定搅拌吸收器里的吸收液中被吸收组分的起始浓度与最终浓度之差值来确定。

本实验用热碳酸钾吸收二氧化碳是一个伴有化学反应的吸收过程，反应方程式为：

$$K_2CO_3+CO_2+H_2O \rightleftharpoons 2KHCO_3 \tag{3-25}$$

其反应机理为

$$CO_2+OH^- \rightleftharpoons HCO_3^- \tag{3-26}$$

$$CO_2+H_2O \rightleftharpoons HCO_3^-+H^+ \tag{3-27}$$

当温度高于50℃，热钾碱溶液的pH＞10时，反应（3-27）的速率可以忽略，仅考虑反应（3-26）即可。而且，反应（3-26）可简化成拟一级反应。

CO_2 从气相主体扩散到气液界面，在界面与溶液中的 OH^- 进行化学反应并向液相主体扩散。若气膜阻力可以忽略，则吸收速率的表达式为（下标A表示 CO_2）：

$$N_A=\beta K_L(C_A-C_{AL}^*) \tag{3-28}$$

CO_2 在溶液中的物理溶解量满足亨利定理，即：

$$C_A=Hp_A \tag{3-29}$$

将公式(3-29）代入（3-28)，则有：

$$N_A=K(p_A-p_{AL}^*) \tag{3-30}$$

据此，可得：

$$K=\frac{N_A}{p_A-p_{AL}^*} \tag{3-31}$$

可见，要获得 CO_2 吸收的气液传质系数 K，必须设法求取吸收速率 N_A 和 CO_2 的气相分压 p_A 和液相 CO_2 的平衡分压 p_{AL}^*。

实验中以钢瓶装 CO_2 作气源，经过稳压，控制气体流量、增湿后进入双驱动搅拌吸收器，气体为连续流动，吸收液固定在吸收器内，操作一定的时间后取得各项数据，可计算出 K 值，此为一个平均值。

吸收速率 N_A 和 CO_2 的气相分压 p_A 可由实验测定。

液相 CO_2 平衡分压（p_{AL}^*）可由下式求得：

$$p_{CO_2}^*=1.95\times10^9C_B^{0.4}\left(\frac{f^2}{1-f}\right)\exp\left(-\frac{8160}{T}\right) \tag{3-32}$$

式中 $p_{CO_2}^*$——CO_2 平衡分压，MPa；

C_B——K_2CO_3 的浓度，mol/L；

T——吸收温度，K；

f——碳酸钾的转化度，其定义为：溶液中反应掉的碳酸钾量与碳酸钾的初始量之比。

吸收液的起始转化度和终了转化度均可用酸解法求取（见分析方法）。

为了考察其他物系不同操作条件对吸收速率的影响，可以分别改变气相的搅拌速率与液相的搅拌速率，测得传质系数后进行综合比较，确定系统的传质的情况。

三、实验装置

双驱动搅拌器实验流程示意图如图3-6所示。气体从钢瓶经减压阀送出，经稳压管稳压后由气体调节阀4调节适当流量，用皂膜流量计计量后进入气体增湿器6，饱和器放置在超级恒温槽内，双驱动搅拌吸收器7的吸收温度也由恒温槽控制，增湿的气体从吸收器中部进入，与吸收液接触后从上部出口引出，出口气体经另一皂膜流量计后放空。

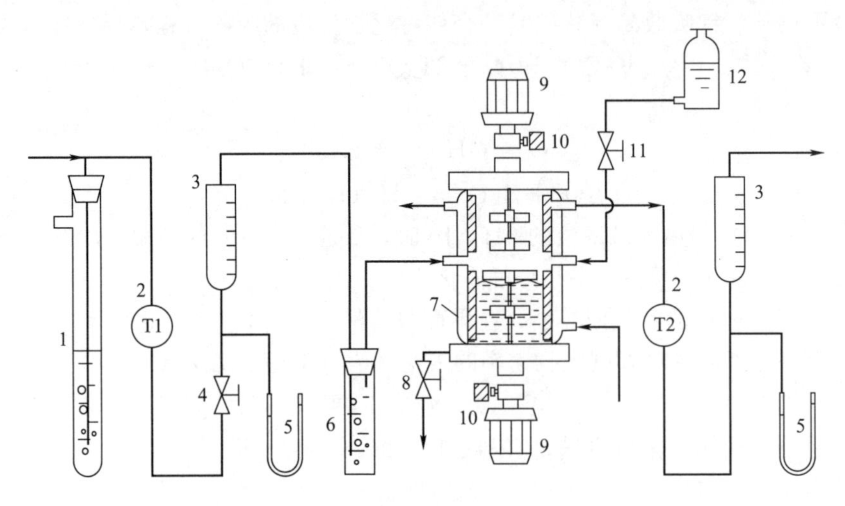

图 3-6 双驱动搅拌器实验流程示意图

1—气体稳压管；2—气体温度计；3—皂膜流量计；4—气体调节阀；
5—压差计；6—气体增湿器；7—双驱动搅拌吸收器；8—吸收液取样阀；
9,10—直流电机；11—弹簧夹；12—吸收剂瓶

双驱动搅拌吸收器是一个气液接触界面已知的设备，气相搅拌轴与液相搅拌轴都与各自的磁钢相连接，搅拌桨的转速分别通过可控硅直流调速器调节。吸收器中液面的位置应控制在液相搅拌桨上桨的下缘 1mm 左右，以保证桨叶转动时好刮在液面上，以达到更新表面的目的。吸收液从吸收剂瓶一次准确加入。

四、操作步骤

（1）实验操作步骤：开启总电源。开启超级恒温槽，将恒温水调节到需要的温度。

关闭气体调节阀，开启 CO_2 钢瓶阀，缓慢开启减压阀，观察稳压管内的鼓泡情况，再开气体调节阀并通过皂膜流量计调节到适当流量，并让 CO_2 置换装置内的空气。调节气相及液相搅拌转速在指定值附近。

待恒温槽到达所需温度，排代空气置换完全，进入吸收器的气体流量适宜且气体稳压管里有气泡冒出，此时可向吸收器内加吸收液，使吸收剂的液面与液相搅拌器上面一个桨叶的下缘相切。要一次正确加入。液相的转速不能过大，以防液面波动造成实验误差过大。此时记作为吸收过程开始的“零点”。

吸收 2h，从吸收液取样阀 8 中迅速放出吸收液，用 250mL 量筒接取，并精确量出吸收液体积。

用酸解法分析初始及终了的吸收液中 CO_2 的含量。

关闭吸收液取样阀门、气体调节阀、CO_2 减压阀、钢瓶阀，关闭超级恒温槽的电源，使气液相转速回“零”，关闭两个转速表开关，关掉总电源。采取有效措施防止压强计上的水柱倒灌。

（2）酸解法分析吸收液中 CO_2 含量。

① 原理：热钾碱与 H_2SO_4 反应放出 CO_2，用量气管测量 CO_2 体积，即可求出溶液的转化度。反应式为：

$$K_2CO_3 + H_2SO_4 = K_2SO_4 + CO_2\uparrow + H_2O \quad (3\text{-}33)$$

$$2KHCO_3 + H_2SO_4 = K_2SO_4 + CO_2\uparrow + 2H_2O \quad (3\text{-}34)$$

② 仪器与试剂：

a. 仪器装置，分析装置如图 3-7 所示，另需 150mL 量气管、5mL 量管与 1mL 移液管各 1 支。

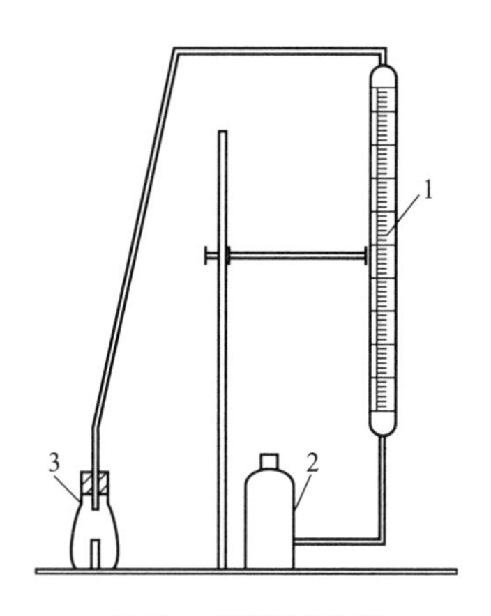

图 3-7 酸解法分析装置

1—量气管；2—水准瓶；3—反应瓶

b. 3mol/L 浓度的 H_2SO_4。

③ 分析操作及计量：准确吸取吸收液 1mL 置于反应瓶的内瓶中，用 5mL 移液管移 5mL 3mol/L H_2SO_4 置于反应瓶的外瓶内，提高水准瓶，使液面升至量气管的上刻度处，塞紧瓶塞，使其不漏气后，调整水准瓶的高度，使水准瓶的液面与量气管内液面相平，记下量气管的读数 V_1。摇动反应瓶使 H_2SO_4 与碱液充分混合，反应完全（无气泡发生），再记下量气管的读数 V_2。可计算出吸收液中 CO_2 含量。

五、数据处理

（1）瞬间吸收速率的测定方法　根据某时刻 t 时，由进、出口皂膜流量计测得的气体进、出口流量 ν_0 和 ν，以及吸收器的气液界面积 F，便可求得瞬间吸收速率为：

$$N_A = (\nu_0 - \nu)/F$$

式中　N_A——瞬间吸收速率，mL/(s·m²)；

ν_0——进口气体流量，mL/s；

ν——出口气体流量，mL/s。

（2）液相 CO_2 含量的计算方法　吸收液中 CO_2 的含量：

$$C = (V_2 - V_1)\varphi \ (\text{mL } CO_2/\text{mL 溶液})$$

式中　φ——校正系数，用于修正温度、压力对气体体积的影响。

$$\varphi = \frac{273.2}{T_0} \times \frac{p - p_{H_2O}}{101.3}$$

式中　p——大气压，kPa，由现场大气压力计读取；

T_0——量气管内的温度，K；

p_{H_2O}——温度 T_0（K）时的饱和水蒸气压，kPa；p_{H_2O} 计算公式为：$p_{H_2O} =$

$0.1333\exp[18.3036-3616.44/(T-46.13)]$，kPa。

（3）溶液平均转化度的计算方法：

$$\overline{f}=\frac{C_f}{C_f^0}-1$$

式中　C_f^0——吸收开始前，溶液中的 CO_2 含量，mL CO_2/mL 溶液；

C_f——吸收结束时，溶液中 CO_2 的含量，mL CO_2/mL 溶液。

（4）平均吸收速率的计算　平均吸收速率是以吸收开始到吸收结束整个时段内的总吸收量和吸收时间为基准计算的吸收速率：

$$\overline{N_A}=\frac{\overline{V}(C_f-C_f^0)}{22400\times 60F\,\overline{t}}$$

式中　$\overline{N_A}$——平均传质速率，mol/(s·m²)；

$\overline{V}$——吸收液总体积，mL；

F——气液界面积，m²；$F=2.926\times10^{-3}\,m^2$；

$\overline{t}$——吸收过程的总时间，min。

（5）气相 CO_2 分压的计算　本实验采用纯 CO_2 气体进行吸收实验，气相传质阻力可以忽略。气相 CO_2 的分压计算式为：

$$p_A=p-p_W$$

式中　p——吸收器内总压，MPa，（本实验取大气压力）；

p_W——吸收温度下的水蒸气分压，MPa，可由下式计算：

$$p_W=0.1728(1-0.3f)$$

（6）平均传质系数　本实验的目的是获得 K_2CO_3 吸收 CO_2 的气液传质系数。前已述及，在系统温度、碳酸钾初浓度一定的条件下（见实验原理），传质系数（K）与 N_A、p_A、p_{AL}^*有关，而 p_{AL}^*是 f、T 的函数。f 和 N_A 都随着 CO_2 的吸收而不断变化，因此，严格地讲，传质系数（K）在吸收过程中是不断变化的。

本实验仅计算平均的传质系数：

$$\overline{K}=\frac{\overline{N_A}}{p_A-p_{AL}^*}$$

式中　$\overline{N_A}$——平均传质速率，mol/(s·m²)；

$\overline{K}$——平均传质速率，mol/(s·m²·MPa)；

p_{AL}^*——CO_2 平衡分压，MPa，由式(3-32) 计算，计算时采用平均转化度。

六、预习与思考

（1）本实验测定过程中的误差来源是什么？

（2）本实验用纯 CO_2有什么目的？

（3）实验前为何要用 CO_2排实验装置中的空气？

（4）气体进入吸收器前为何要用水饱和器？

（5）气体稳压管的作用是什么？

（6）实验时测定大气压有何用处？

（7）酸解出的 CO_2为何要同时测定温度？

七、结果与讨论

（1）标绘瞬间吸收速率随时间的变化曲线，讨论曲线规律。

（2）根据实验中获取的数据，计算出本实验条件下的平均传质系数。

（3）对本实验中的现象及结果进行分别讨论。包括实验误差分析和非正常现象剖析。

八、注意事项

（1）每次实验结束后，将水饱和器前的管路断开，气体放空，避免CO_2溶解倒吸；

（2）测定气体进出口流率时，应同时进行。

实验五 圆盘塔二氧化碳吸收的液膜传质系数的测定

一、实验目的

传质系数是气液吸收过程重要的研究内容，是吸收剂和催化剂等性能评定、吸收设备设计、放大的关键参数之一。

本实验的主要目的：

（1）了解圆盘塔的结构及液膜传质机理；

（2）掌握气液吸收过程液膜传质系数的实验方法；

（3）根据实验数据关联圆盘塔的液膜传质系数与液流速率之间的关系式。

二、实验原理

传质系数的实验测定方法一般有两类，即静力法和动力法。静力法是将一定容积的气体于一定的时间间隔内，在密闭容器中与液体的静止表面相接触，根据气体容积的变化测定其吸收速率。此时液相主体必须在破坏表面的情况下进行搅拌，以避免由于在相界面附近饱和程度很高而影响其吸收速率。静力法的优点是能够了解反应过程的机理，设备小，操作简便，因其研究的情况，如流体力学条件与工业设备中的状况不尽相似，故吸收系数的数值，不宜一次性直接放大。

动力法是在一定的实验条件下，在气液两相都处于逆向流动状态下，测定其传质系数。此法能在一定程度上克服上述静力法的缺点，但所求得的传质系数只能是平均值，因而无法探讨传质过程的机理。

本实验基于动力法的原理，在圆盘塔中进行液膜传质系数的测定，但又与动力法不完全相同。其差异在于液相是处于流动状态，而气相在测试时处在不流动的封闭系统中。对于这一改进，其优点是简化了实验手段及实验数据的处理，同时也减少了操作过程产生的误差，实验结果与 Stephens-Morris 总结的圆盘塔中 K_L 的准数关联式相吻合；不足地是只适合在常压（0.1MPa）测试条件下进行。

圆盘塔是一种小型实验室吸收装置：Stephens 和 Morris 根据 Higbien 的不稳定传质理论，认为液体从一个圆盘流至另一个圆盘，类似于填充塔中液体从一个填料流至下一个填料，流体在下降吸收过程中交替地进行了一系列混合和不稳定传质过程。他们用水吸收纯CO_2气体，实验测得的结果是一致的，且与塔高无关，消除了设备液膜控制时，因波纹现象所产生的端末效应。

Sherwood 及 Hollowag 将有关填充塔液膜传质系数数据整理成如下形式：

$$\frac{K_L}{D}\left(\frac{\mu^2}{g\rho^2}\right)^{1/3}=a\left(\frac{4\Gamma}{\mu}\right)^m\left(\frac{\mu}{\rho D}\right)^{0.5}$$

式中 $\frac{K_L}{D}\left(\frac{\mu^2}{g\rho^2}\right)^{1/3}$——修正修伍德数 Sh；

$\frac{4\Gamma}{\mu}$——雷诺数 Re；

$\frac{\mu}{\rho D}$——施密特数 Sc；

m——系数，在 0.78～0.54 之间变化。

而 Stephens-Morris 总结圆盘塔中 K_L的准数关系式为

$$\frac{K_L}{D}\left(\frac{\mu^2}{g\rho^2}\right)^{1/3}=3.22\times10^{-3}\left(\frac{4\Gamma}{\mu}\right)^{0.7}\left(\frac{\mu}{\rho D}\right)^{0.5}$$

在实验范围内，Stephens-Morris 与 Sherwood-Hollowag 的数据极为吻合。这说明 Stephens-Morris 所创造的小型标准圆盘塔与填充塔的液膜传质系数与液流速度的关系式极相似。因此，依靠圆盘塔所测定的液膜传质系数可直接用于填充塔设计。

本实验气相是纯 CO_2气体，液相是蒸馏水，测定纯 CO_2-H_2O 系统的液膜传质系数，并通过对液膜传质系数与液流速率之间的关系式的计算，求得系数 m 值。

基于双膜理论：

$$N_A=K_LF\Delta c_m=K_GF\Delta p_m$$

$$1/K_L=H/k_g+1/k_L$$

$$k_g=\frac{D_Gp}{RTZ_G\ (p_B)_m}$$

当采用纯 CO_2气体时，因为$(p_B)_m\rightarrow0$，所以 $k_g\rightarrow\infty$，即 $K_L=k_L$。

式中 k_L——液膜传质分系数，$\frac{mol}{hm^2}\times\frac{m^3}{mol}$；

N_A——CO_2吸收速率，mol/h；

F——吸收表面积，m^2；

Δc_m——液相浓度的平均推动力，mol/m^3。

三、实验装置

采用圆盘塔测定液膜传质系数的装置，如图 3-8 所示。

液相的流向：贮液罐中的吸收液经泵打至高位槽，多余的液体由高位槽溢流口回流到贮液罐，借以维持高位槽液位稳定。由高位槽流出的吸收液由调节阀调节，经转子流量计计量和恒温加热系统加热至一定温度，进入圆盘塔塔顶的喷口，沿圆盘流下并在圆盘的表面进行气液传质。出圆盘塔的吸收液由琵琶形液封器溢口排出。液相进出圆盘塔顶、塔底的温度由玻璃水银温度计测得。

气相的流向：纯度在 99.8%以上的 CO_2由高压钢瓶放出，经减压阀调节进入水饱和器

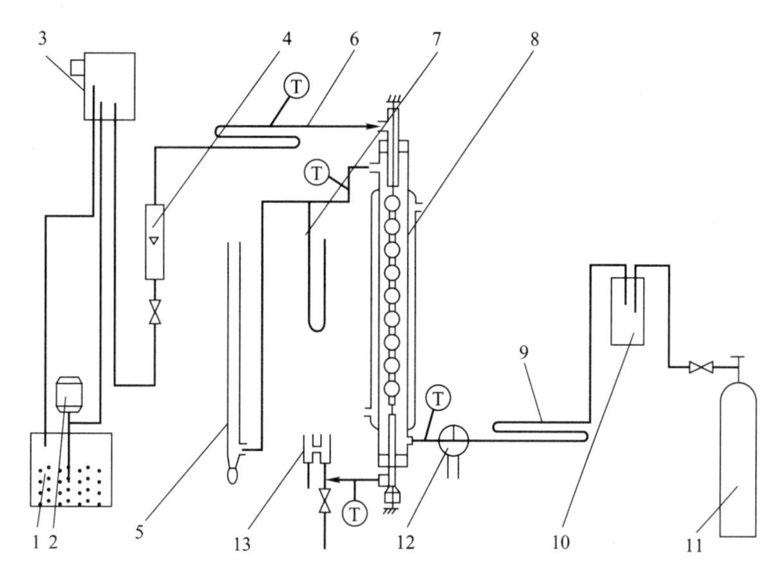

图 3-8　圆盘塔实验流装置

1—贮液罐；2—水泵；3—高位槽；4—流量计；5—皂膜流量计；6—加热器；7—U 形测压管；
8—圆盘塔；9—加热器；10—水饱和器；11—钢瓶；12—三通玻璃活塞；13—琵琶形液封器

和恒温加热系统，通过三通考克阀切换进入圆盘塔底部。CO_2在塔中与自上而下的吸收液逆流接触，之后从塔顶部出来经 U 形压力计至皂膜流量计排空。

圆盘塔中的圆盘为素瓷材质，圆盘塔内系一根不锈钢丝串联四十个相互垂直交叉的圆盘而成。每一圆盘的尺寸为直径 $d=14.3\text{mm}$，厚度 $\delta=4.3\text{mm}$，平均液流周边数 $l=(2\pi d^2/4+\pi d\delta)/d$，吸收面积 $F=40\times(2\pi d^2/4+\pi d\delta)$，圆盘间用 502 胶水（或环氧树脂）黏结在不锈钢丝上。

四、操作步骤

系统的气体置换：开启钢瓶总阀，调节减压阀使气体有一个稳定的流量。切换三通考克使气体进入塔底自下而上由塔顶出来，经皂膜流量计后排空。一般经 10min 置换，即可着手进行测定。

开启超级恒温槽，调节接触温度计至操作温度值，由水泵将恒温水注入圆盘塔的隔套层，使恒温水不断地循环流动。

开启高位槽进水泵，当吸收液由高位槽溢流口开始溢出时方可进行下述操作。

(1) 调节转子流量计的阀门，使吸收液的流量稳定在设置值上。

(2) 调节气体和液体温度控制装置，使气体和液体温度稳定在操作温度值上，其气、液温度间的误差不大于±1℃。

(3) 调节琵琶形液封器，使圆盘塔中心管的液面保持在喇叭口处。

(4) 液相的流量、温度和气相温度和圆盘塔水隔套中的恒温水温度达到设定值，稳定数分钟后，即可进行测定，每次重复做三个数据。

(5) 实验操作是在常压下以 CO_2的体积变化来测定液膜传质系数。当皂膜流量计鼓泡，皂膜至某一刻度时，即切换三通考克的导向（CO_2直接排空），此时塔体至皂膜流量计形成一个封闭系统，随着吸收液液膜不断更新，塔内 CO_2的体积也随之变小，皂膜流量计中的皂膜开始下降，依据原设置的要求将体积变化 ΔV 所用的时间 Δs 记录下来，同时记录下各处的温度。

（6）改变液体流量，继续如上的操作，上下行共做 9～10 次。

五、数据处理

（1）液流速率 Γ[kg/(m·h)]的计算：

$$\Gamma=\frac{\rho L}{l}$$

式中 ρ——液体的密度，kg/m^3；

L——液体的流量，m^3/h；

l——平均液流周边，m。

（2）气体吸收速率 N_A（mol/h）的计算：

$$N_A=pV_{CO_2}/(SRT)$$

式中 p——吸收压力，Pa；

V_{CO_2}——CO_2吸收量，m^3；

S——吸收时间，h；

R——气体常数，$R=8.314$；

T——吸收温度，K。

（3）液相浓度的平均推动力 Δc_m（mol/m^3）的计算：

$$\Delta c_m=\frac{\Delta c_i-\Delta c_0}{\ln\dfrac{\Delta c_i}{\Delta c_0}}$$

$$\Delta c_i=c^*_{CO_2,i}-c_{CO_2,i}$$

$$\Delta c_0=c^*_{CO_2,0}-c_{CO_2,0}$$

式中 $c^*_{CO_2,i}$，$c_{CO_2,i}$——塔顶液相中 CO_2 的平衡浓度与实测浓度，$c^*_{CO_2,i}=H_i p_{CO_2,i}$；

$c^*_{CO_2,0}$，$c_{CO_2,0}$——塔底液相中 CO_2 的平衡浓度与实测浓度，$c^*_{CO_2,0}=H_0 p_{CO_2,0}$；

H_i，H_0——CO_2 在塔顶与塔底水中的溶解度系数，mol/(Pa·m^3)；

$p_{CO_2,i}$，$p_{CO_2,0}$——塔顶与塔底气流中 CO_2 的分压，$p_{CO_2}=p-p_{H_2O}$（Pa），

$$H=\frac{p_{H_2O}}{MK}；$$

M——吸收剂的分子量；

K——亨利系数，Pa（见附件）。

液体中进、出口的 CO_2 实际浓度为：

$$c_{CO_2,i}=0，c_{CO_2,0}=N_A/L$$

六、预习与思考

（1）测定气液传质系数常用的方法有哪两种，它们各有什么优缺点？

（2）为什么用串盘塔测定的传质系数可用于工业填料塔的设计和放大？

（3）本实验测得的传质系数是气膜传质系数，还是液膜传质系数，为什么？

（4）简述双膜理论。

七、结果与讨论

（1）以一组实验数据为例，列式计算液相传质系数及液流速率。

（2）绘制 $\lg K_L$-$\lg \Gamma$ 图，并整理出 K_L 与 Γ 的关系式。

（3）讨论本实验中 CO_2 流量的变化对 K_L 有无影响，为什么？

八、注意事项

（1）使用 CO_2 钢瓶务必遵守相关安全操作规定。

（2）不得急速开关阀门，以防损坏设备。

附件　实验数据记录表

室温________　被吸收气体________　吸收液体________　大气压________　水饱和分压________

序号	液体流量/(L/h)	CO_2吸收量/mL	吸收速率 ΔV/(mL/s)	吸收时间/s				液相温度/℃		气相温度/℃		水夹套温度/℃	
				S_1	S_2	S_3	$\overline{S}$	进	出	进	出	进	出
1													
2													
3													
4													
5													
6													
7													
8													
9													
10													
11													
12													

第四章　化工分离技术实验

实验六 填料塔分离效率的测定

一、实验目的

填料塔是生产中广泛使用的一种塔型，在进行设备设计时，要确定填料层高度，或确定理论塔板数与等板高度 HETP。其中理论板数主要取决于系统性质与分离要求，等板高度 HETP 则与塔的结构、操作因素以及系统物性有关。

由于精馏系统中低沸组分与高沸组分表面张力上的差异，沿着气液界面形成了表面张力梯度，表面张力梯度不仅能引起表面的强烈运动，而且还可导致表面的蔓延或收缩。这对填料表面液膜的稳定或破坏以及传质速率都有密切关系，从而影响分离效果。

本实验的目的在于：

（1）了解系统表面张力对填料精馏塔效率的影响机理；

（2）掌握填料塔的基本结构和操作；

（3）测定甲酸-水系统在正、负系统范围的 HETP。

二、实验原理

根据热力学分析，为使喷淋液能很好地润湿填料表面，在选择填料的材质时，要使固体的表面张力 σ_{SV} 大于液体的表面张力 σ_{LV}。然而有时虽已满足上述热力学条件，但液膜仍会破裂形成沟流，这是由于混合液中低沸组分与高沸组分表面张力不同，随着塔内传质传热的进行，形成表面张力梯度，造成填料表面液膜的破碎，从而影响分离效果。

根据系统中组分表面张力的大小，可将二元精馏系统分为下列三类：

（1）正系统　低沸组分的表面张力 σ_1 较低，即 $\sigma_1 < \sigma_h$。当回流液下降时，液体的表面张力 σ_{LV} 值逐渐增大。

（2）负系统　与正系统相反，低沸组分的表面张力 σ_1 较高，即 $\sigma_1 > \sigma_h$。因而回流液下降过程中表面张力 σ_{LV} 逐渐减小。

（3）中性系统　系统中低沸组分的表面张力与高沸组分的表面张力相近，即 $\sigma_1 \approx \sigma_h$，或两组分的挥发度差异甚小，使得回流液的表面张力值并不随着塔中的位置有多大变化。

在精馏操作中，由于传质与传热的结果，导致液膜表面不同区域的浓度或温度不均匀，使表面张力发生局部变化，形成表面张力梯度，从而引起表面层内液体的运动，产生 Marangoni 效应。这一效应可引起界面处的不稳定，形成旋涡；也会造成界面的切向和法向脉动，而这些脉动有时又会引起界面的局部破裂，因此由玛兰哥尼（Marangoni）效应引起的局部流体运动反过来又影响传热传质。

填料塔内，相际接触面积的大小取决于液膜的稳定性，若液膜不稳定，液膜破裂形成沟流，使相际接触面积减少。由于液膜不均匀，传质也不均匀，液膜较薄的部分轻组分传出较多，重组分传入也较多，于是液膜薄的地方轻组分含量就比液膜厚的地方小，对正系统而言，如图 4-1 所示，由于轻组分的表面张力小于重组分，液膜薄的地方表面张力较大，而液膜较厚部分的表面张力比较薄处小，表面张力差推动液体从较厚处流向较薄处，这样液膜修复，变得稳定。对于负系统，则情况相反，在液膜较薄部分表面张力比液膜较厚部分的表面张力小，表面张力差使液体从较薄处流向较厚处，这样液膜被撕裂形成沟流。实验证明，正、负系统在填料塔中具有不同的传质效率，负系统的等板高度（HETP）可比正系统大一倍甚至一倍以上。

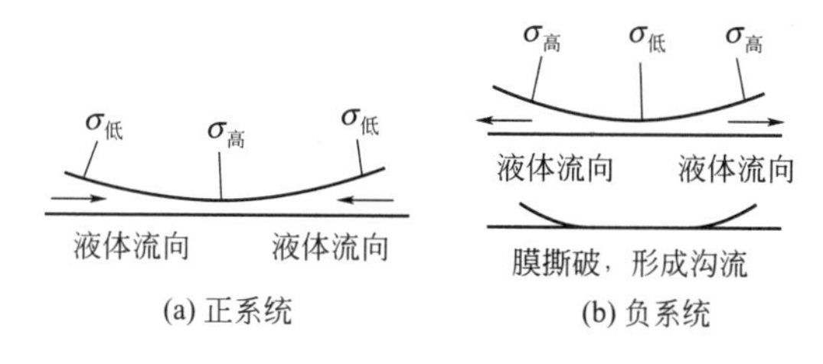

图 4-1　表面张力梯度对液膜稳定性的影响

本实验使用的精馏系统为具有最高共沸点的甲酸-水系统。试剂级的甲酸为含 85%左右的水溶液，在使用同一系统进行正系统和负系统实验时，必须将其浓度配制在正系统与负系统的范围内。甲酸-水系统的共沸组成为：$x_{H_2O}=0.435$，而 85%甲酸的水溶液中含水量化为摩尔分数为 0.3048，落在共沸点的左边，为正系统范围，水-甲酸系统的 x-y 图如图 4-2 所示。其气液平衡数据如下：

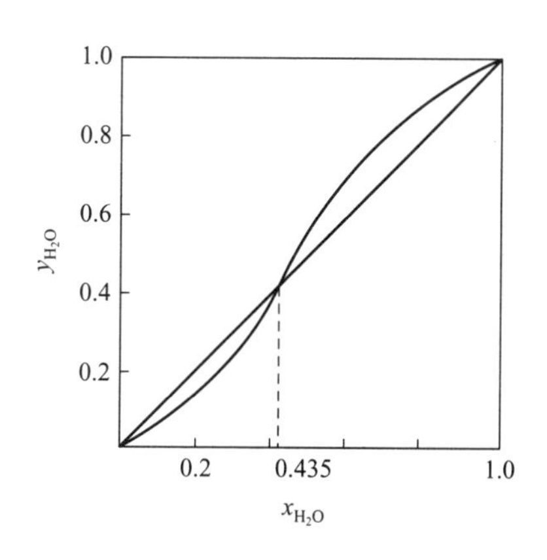

图 4-2　水-甲酸系统的 x-y 图

t/℃	102.3	104.6	105.9	107.1	107.6	107.6	107.1	106.0	104.2	102.9	101.8
x_{H_2O}	0.0405	0.155	0.218	0.321	0.411	0.464	0.522	0.632	0.740	0.829	0.900
y_{H_2O}	0.0245	0.102	0.162	0.279	0.405	0.482	0.567	0.718	0.836	0.907	0.951

三、实验装置

本实验所用的玻璃填料塔内径为31mm，填料层高度为540mm，内装：4mm×4mm×1mm磁拉西环填料，整个塔体采用导电透明薄膜进行保温。蒸馏釜为1000mL圆底烧瓶，用功率350W的电热碗加热。塔顶装有冷凝器，在填料层的上、下两端各有一个取样装置，其上有温度计套管可插温度计（或铜电阻）测温。塔釜加热量用可控硅调压器调节，塔身保温部分亦用可控硅电压调整器对保温电流大小进行调节，实验装置如图4-3所示。

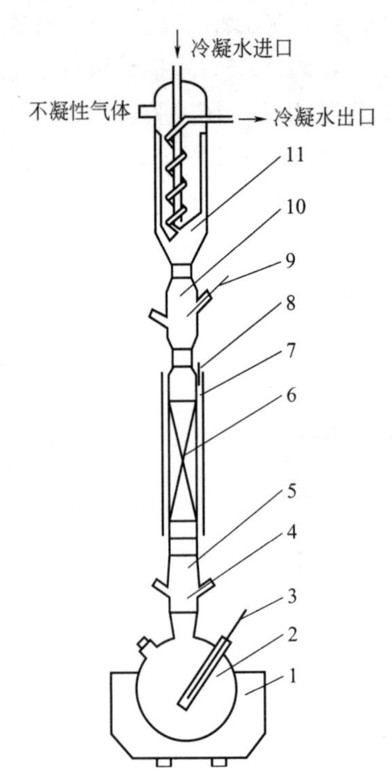

图4-3 填料塔分离效率实验装置图

1—电热包；2—蒸馏釜；3—釜温度计；4—塔底取样段温度计；
5—塔底取样装置；6—填料塔；7—保温夹套；8—保温温度计；
9—塔顶取样装置；10—塔顶取样段温度计；11—冷凝器

四、操作步骤

实验分别在正系统与负系统的范围下进行，其步骤如下：

（1）正系统：取85%（质量分数）的甲酸-水溶液，略加一些水，使入釜的甲酸-水溶液既处在正系统范围，又更接近共沸组成，使画理论板时不至于集中于图的左端。

（2）将配制的甲酸-水溶液加入塔釜，并加入沸石。

（3）打开冷却水，合上电源开关，由调压器控制塔釜的加热量与塔身的保温电流。

（4）本实验为全回流操作，待操作稳定后，才可用长针头注射器在上、下两个取样口取样分析。

（5）待正系统实验结束后，按计算再加入一些水，使之进入负系统浓度范围，但加水量不宜过多，造成水的浓度过高，以画理论板时集中于图的右端。

（6）为保持正、负系统在相同的操作条件下进行实验，则应保持塔釜加热电压不变，塔身保温电流不变；以及塔顶冷却水量不变。

（7）同步骤（4），待操作稳定后，取样分析。

（8）实验结束，关闭电源及冷却水，待釜液冷却后倒入废液桶中。

（9）本实验采用酸碱滴定法，用 0.1mol/L 的 NaOH 标准溶液滴定分析样品中的甲酸含量，用酚酞作指示剂。

五、数据处理

（1）将实验数据及实验结果列表。

（2）根据水-甲酸系统的气液平衡数据，做出水-甲酸系统的 y-x 图。

（3）在图上画出全回流时正、负系统的理论板数。

（4）求出正、负系统相应的 HETP。

（5）数据计算方法

① 加水量估算：

$$\frac{W_0 w}{M_{甲酸}} \times \frac{M_{水}}{W_0(1-w)+W}+1=\frac{1}{x_{水}}$$

式中 W_0——原甲酸溶液量；

W——加水量；

w——原甲酸溶液含甲酸质量分数；

$M_{水}$——水的分子量；

$M_{甲酸}$——甲酸的分子量；

$x_{水}$——含水摩尔分数。

② 取样量估算：

$$W=\frac{NVM_{甲酸}}{w}$$

式中 W——取样量；

w——甲酸溶液含甲酸质量分数；

N——氢氧化钠浓度；

$M_{甲酸}$——甲酸的分子量；

V——氢氧化钠体积。

③ 滴定计算：

$$\frac{1}{x_{水}}=1+\frac{NVM_{水}}{W-NVM_{甲酸}}$$

式中 W——实际取样量；

N——氢氧化钠的当量浓度；

$M_{水}$——水的分子量；

$M_{甲酸}$——甲酸的分子量；

V——氢氧化钠的体积；

$x_{水}$——含水摩尔分数。

六、预习与思考

（1）何谓正系统、负系统？正负系统对填料塔的效率有何影响？

（2）从工程角度出发，讨论研究正、负系统对填料塔效率的影响有何意义？

（3）本实验通过怎样的方法，得出负系统的等板高度（HETP）大于正系统的HETP？

（4）设计一个实验方案，包括如何做正系统与负系统的实验，如何配制溶液（假定含85%甲酸的水溶液500mL，约610g）。

（5）提出分析样品甲酸含量的方案。

七、结果与讨论

（1）比较正负系统等板高度（HETP）的差异，并说明原因。

（2）实验中，塔釜加热量的控制有何要求，为什么？

（3）实验中，塔身保温控制有何要求，为什么？

（4）分析实验中可能出现的误差，并说明如何避免人为误差。

八、注意事项

（1）注意正负系统的加水量。

（2）向塔釜中加甲酸溶液时注意安全，防止溶液洒出沾到身上。

（3）针管取样时，缓慢抽取样品，注意安全。

（4）正系统实验结束后，料液冷却至90℃下加水。

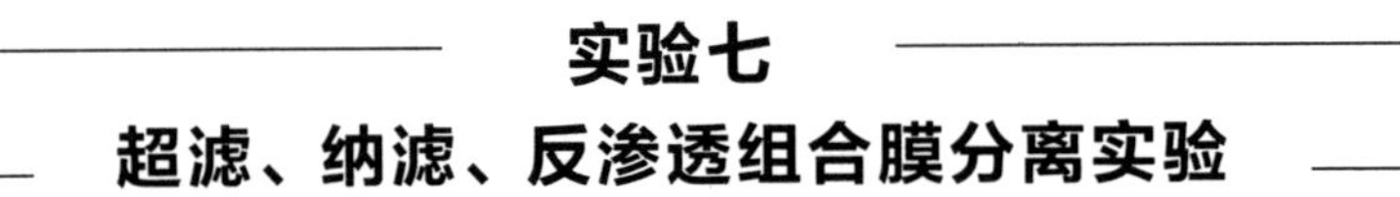

实验七 超滤、纳滤、反渗透组合膜分离实验

一、实验目的

现代膜技术起源于20世纪60年代，作为一门新型的分离、浓缩、提纯技术，发展十分迅速。在膜分离过程中，由于膜具有选择透过性，当膜两侧存在某种推动力（如压力差、浓度差、电位差等），原料侧组分选择性地透过膜，实现双组分或多组分的溶质与溶剂的分离。膜的透过性主要取决于膜材料的化学性质和分离膜的形态结构，因此，选用高选择性、高通量的膜和选择性能良好的膜组件是膜分离过程的关键。

通常，膜材料按来源形态和结构可分为天然膜和人工合成膜；有机膜和无机膜；对称膜、非对称膜；复合膜和多层复合膜等。膜组件是一定面积的膜以某种形式组装成器件，常用的膜组件有管式、卷式、毛细管式、中空纤维和板框式。膜分离技术具有高效节能、无相变、设计简单、操作方便等优点，特别是它可在常温下连续操作，对热敏性物质起保护作用，在食品加工、医药、生化技术领域有其独特的适用性。

本实验的目的在于：

（1）了解液相膜分离技术的特点；

（2）掌握评价膜性能的方法，确定各膜组件分离的适宜操作条件；

（3）掌握膜分离的基本原理及操作技术；

（4）熟悉浓差极化、截流率、膜通量、膜污染等概念。

二、实验原理

工业化应用的膜分离包括微滤（MF）、超滤（UF）、纳滤（NF）、反渗透（RO）、渗透汽化（PV）和气体分离（GS）等。根据不同的分离对象和要求，选用不同的膜过程。超滤、纳滤和反渗透都是以压力差为推动力的液相膜分离方法，其三级组合膜过程可分离分子量几十万的蛋白质分子到分子量为几十的离子物质，图 4-4 是各种膜对不同物质的截留示意图。

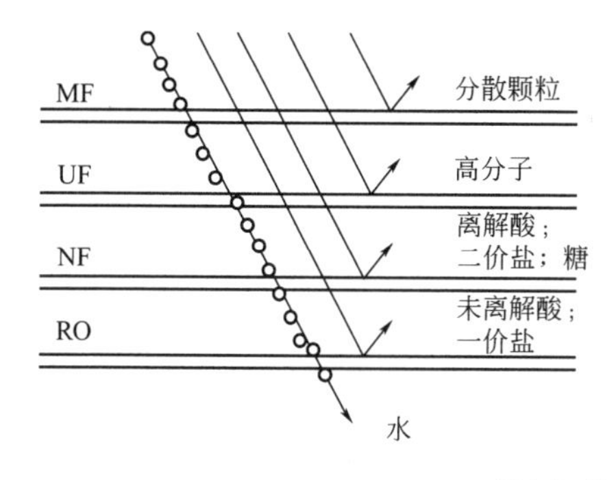

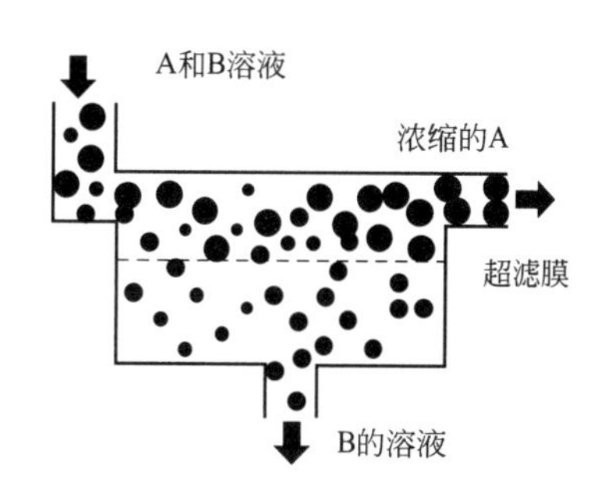

图 4-4　膜对不同物质的截留示意图

（1）超滤（Ultrafiltration，简称 UF）　一般认为超滤是筛孔分离过程，膜表面具有无数微孔，这些实际存在的孔眼像筛子一样，截留住了分子直径大于孔径的溶质和颗粒，从而达到分离目的。膜表面的化学性质也是影响超滤分离的重要因素。溶质被截留有三种方式：在膜表面机械截留（筛分）、在膜孔中停留（阻塞）、在膜表面及膜孔内吸附（吸附）。

（2）反渗透（Reverse Osmosis，简称 RO）　反渗透膜通常认为是表面致密的无孔膜，只能通过溶剂（通常是水）而截留绝大多数溶质，反渗透过程以膜两侧静压差为推动力，克服溶剂的渗透压，实现液体混合物分离。反渗透膜的选择透过性与组分在膜中的溶解、吸附和扩散有关，还与膜的化学、物理性质有密切关系。

（3）纳滤（Nanofiltration，简称 NF）　纳滤膜孔径范围在纳米级，截留分子量数百的物质，其分离性能介于反渗透和超滤之间，其传质机理为溶解-扩散方式，由于纳滤膜大多为荷电膜，其对无机盐的分离行为不仅受化学势梯度控制，同时也受电势梯度影响。

各膜分离过程主要差异如表 4-1 所示。

表 4-1　膜分离过程的基本特征

膜过程	膜类型	传递机理	操作压力(一般工业)/MPa
超滤	非对称膜	筛分	0.1～0.4
纳滤	非对称膜或复合膜	溶解-扩散 Donna 效应	0.5～1.0
反渗透	非对称膜或复合膜	溶解-扩散 优先吸附-毛细管流动	1～1.5

膜性能包括膜的物化稳定性和膜的分离透过性。膜的分离透过性主要指分离效率、渗透通量和通量衰减系数三方面，可通过实验测定。

超滤、纳滤、反渗透是压力驱动型膜，随着压力增大，膜渗透通量 J 逐渐增加，截留率 R 有所提高，但压力越大，膜污染及浓差极化现象越严重，膜渗透通量 J 衰减加快。超滤膜为有孔膜，通常用于分离大分子溶质、胶体、乳液，一般通量较高，溶质扩散系数低，受浓差极化的影响较大；反渗透膜是无孔膜，截留物质大多为盐类，因为通量低、传质系数大，在使用过程中受浓差极化影响较小；纳滤膜则介于两者之间。由于压力增大，引起膜材质压密作用，膜清洗难度和操作能耗均加大。因此，根据膜组件的分离性能，应确定适宜的操作压力。

温度也是影响膜分离性能的重要操作因素，随着温度升高，溶液扩散增强，膜的渗透速率增大，但受膜材质影响，膜的允许温度一般应低于 45℃，在本实验中，不考虑温度因素。

膜污染是指处理物料中的微粒、胶体粒子或溶质大分子与膜产生物化作用或机械作用，在膜表面或膜孔内吸附、沉积造成膜孔径变小或堵塞，从而产生膜通量下降、分离效率降低等不可逆变化。对于膜污染，一旦料液与膜接触，膜污染即开始。因此，膜分离实验前后，必须对膜进行彻底清洗，采用低压（≤0.2MPa）、大通量清水清洗法；当膜通量大幅下降或膜进出口压差≥0.2MPa，一般清洗不能有效减轻污染，应选用清洗剂或考虑更换膜。

本实验主要利用反渗透膜纯化盐水，测定盐截留率、渗透通量与操作压力的关系。反渗透膜通常认为是表面致密的无孔膜，可截留 1～10Å（1Å＝0.1nm）小分子物质，反渗透膜能截留水体中绝大多数的溶质。反渗透净水就是以压力为推动力，利用反渗透膜只能透过水而不能透过溶质的选择透过性，从含有多种无机物、有机物和微生物的水体中，提取纯净水的物质分离过程。其原理如图 4-5 所示。

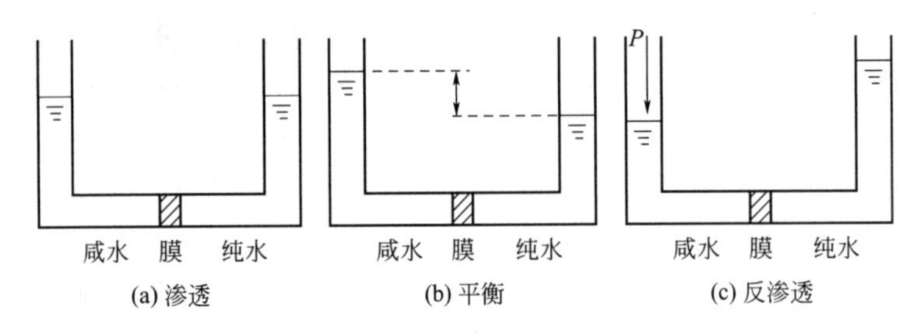

图 4-5　反渗透与渗透现象

如图 4-5(a) 所示，用半透膜将纯水与咸水分开，则水分子将从纯水一侧通过膜向咸水一侧透过，结果使咸水一侧的液位上升，直到某一高度，此所谓渗透过程。如图 4-5(b) 所示，当渗透达到动态平衡状态时，半透膜两侧存在一定的水位差或压力差，此为指定温度下溶液的渗透压 N。如图 4-5(c) 所示，当咸水一侧施加的压力 P 大于该溶液的渗透压 N，可迫使渗透反向，实现反渗透过程。此时，在高于渗透压的压力作用下，咸水中水的化学位升高，超过纯水的化学位，水分子从咸水一侧反向地通过膜透过到纯水一侧，使咸水得到淡化，这就是反渗透脱盐的基本原理。

反渗透设施生产纯水的关键有两个：一是一个有选择性的膜，我们称为半透膜；二是一定的压力。简单地说，反渗透半透膜上有众多的孔，这些孔的大小与水分子的大小相当，由于细菌、病毒、大部分有机污染物和水合离子均比水分子大得多，因此不能透过反渗透半透膜而与透过反渗透膜的水相分离。在水中众多种杂质中，溶解性盐类是最难清除的。因此，经常根据除盐率的高低来确定反渗透的净水效果。反渗透除盐率的高低主要决定于反渗透半透膜的选择性。

目前，较高选择性的反渗透膜元件除盐率可以高达 99.7%。

通常，膜的性能是指膜的物化稳定性和膜的分离透过性。膜的物化稳定性的主要指标是：膜材料、膜允许使用的最高压力、温度范围、适用的 pH 范围，以及对有机溶剂等化学药品的抵抗性等。膜的分离透过性指在特定的溶液系统和操作条件下，脱盐率、产水流量和流量衰减指数。根据膜分离原理，温度、操作压力、给水水质、给水流量等因素将影响膜的分离性能。

三、实验装置

本装置是中试型实验装置如图 4-6 所示，可作为膜分离扩大工艺的实验设备，也可作为小批量生产设备使用。装置将超滤、纳滤、反渗透三种卷式 GE 膜组件并联于系统，根据分离要求选择不同膜组件单独使用，适用范围广，其组合膜过程可分离分子量为几十的离子物质到分子量几十万的蛋白质分子。本装置设计紧凑，滞留量小，系统允许压力范围为 0～1.5MPa，超过 1.5MPa 时，为保护膜组件及设备，压力保护器会切断输液泵电流，实际操作时还应参考相应膜组件的操作压力范围。

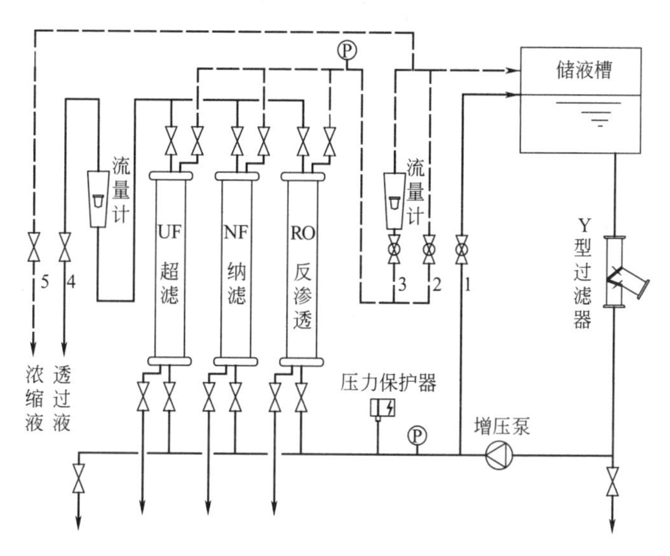

图 4-6 超滤-纳滤-反渗透组合膜分离装置工艺流程示意图

超滤：配制 2.5g/L 大豆蛋白水溶液，在 0～0.4MPa 内调节操作压力，测定 4～5 个不同压力（膜进口压力）下截留率、渗透通量；在某一压力下，0～120min 内测定 4～5 个不同时刻膜渗透通量；建立 p-R、p-J、J-t 关系曲线，确定超滤膜分离适宜的操作压力 p_1。

纳滤：配制 5g/L 葡萄糖溶液，在 0～1.0MPa 内调节操作压力，测定 4～5 个不同压力下纳滤膜的截留率、渗透通量，建立 p-R、p-J 关系曲线，确定纳滤膜分离适宜的操作压力 p_2。

反渗透：配制 5g/L 氯化钠溶液，在 0～1.5MPa 内调节操作压力，测定 4～5 个不同压力下反渗透膜的截留率、渗透通量，建立 p-R、p-J 关系曲线，确定反渗透分离时适宜的操作压力 p_3。

本实验中稀盐水经由预过滤器被增压泵输送到膜组件中，经膜分离后分成浓缩液和透过液，经转子流量计计量后可分别收集，也可回到料液贮罐，原料温度可以在线直接检测。

四、操作步骤

（1）实验前的准备

① 对贮槽内壁进行清洗，并对贮槽下 Y 型过滤网进行清洗；

② 用纯水低压（小于 0.2MPa）清洗膜组件，时间 20～30min，去除防腐；

③ 建立各组分浓度测定标准曲线；食盐电导率标准浓度曲线数据记录表如表 4-2 所示。

表 4-2　食盐电导率标准浓度曲线数据记录表

浓度/(g/L)	0	2	4	6	8	10
电导率/(μS/cm)						

实验室自来水电导率为________ μS/cm。

（2）具体操作

① 检查阀门，将系统排空关闭，将待用膜组件的进出料阀打开（其余膜组件阀关闭）将其余管路调节阀打开。

② 将配制好的一定浓度的盐水加入贮槽。

③ 接通电源，开启输液增压泵。

④ 料液正常循环后，逐步关闭泵回路阀和浓缩液旁路阀，调节压力阀，在不同的压力下，分别收集浓缩液和透过液，并取其原液和透过液进行浓度分析，利用公式计算相应的盐截留率 R 和渗透通量 J，绘制 R-p、J-p 的关系曲线，确定最佳操作压力。

⑤ 实验结束。

⑥ 膜组件的清洗：利用纯水或溶液清洗膜组件后，加入保护液，其目的是为了防止系统生菌和膜组件干燥而影响分离性能。

五、数据处理

（1）分离效率　对于溶液中蛋白质分子、糖、盐的脱除可用截留率 R 表示

$$R=\left(1-\frac{c_{\mathrm{p}}}{c_{\mathrm{w}}}\right)\times 100\% \tag{4-1}$$

（2）渗透通量　通常用单位时间内通过单位膜面积的透过物量 J_{W}表示

$$J_{\mathrm{W}}=\frac{V}{St} \tag{4-2}$$

（3）通量衰减系数　膜的渗透通量由于过程的浓差极化、膜的压密以及膜孔堵塞等原因将随时间而衰减，可用式(4-3) 表示

$$J_t=J_1t^m \tag{4-3}$$

式(4-1) 中，c_{w}、c_{p}分别表示透过液浓度、浓缩液浓度。

式(4-2) 中，V 是膜的透过液体积；S 是膜有效面积；t 是运行时间；J_{W}通常以 mL/(cm^2·h) 为单位。

式(4-3) 中，J_t、J_1分别表示膜运转 th 和 1h 后的渗透通量；t 为运转时间。

六、预习与思考

（1）请简要说明反渗透膜净水的基本机理。

（2）膜组件长期不用时，为何要加保护液？

（3）在实验中，如果操作压力过高会有什么后果？

（4）反渗透膜是耗材，膜组件受污染后有哪些特征？

七、结果与讨论

（1）根据数据绘制 R-p、J-p 的关系曲线，确定最佳操作压力。

（2）讨论压力变化对反渗透膜的盐截留率和渗透通量的影响。

（3）提高料液的温度对膜通量有什么影响？

八、注意事项

（1）本装置设置压力控制器，当系统压力大于 1.6MPa 时，会自动切断输液泵电流并停机；

（2）贮槽内料液不要过少，同时保持贮液槽内壁清洁，较长时间（10 天以上）停用时，在组件中充入 1%甲醛水溶液作为保护液，防止系统生菌，并保持膜组件的湿润（保护液主要用于膜组件内浓缩液侧）；

（3）膜组件为耗材，液体处理后需进行清洗处理（包括纯水清洗、药剂清洗），当膜组件通量大幅降低时应考虑更换；

（4）增压泵启动时，应注意泵进口管道需充满液体，以防损坏。

第五章　化学反应工程实验

实验八　鼓泡反应器中气含率及比表面积的测定

一、实验目的

气液鼓泡的反应器的气泡表面和气含率，是判别反应器流动状态、传质效率的重要参数。气含率是鼓泡反应器中气相所占的体积分数，也是决定气泡比表面积的重要参数，测定的方法很多，有体积法、重量法、光学法等。气泡比表面积的测定有物理法、化学法等，已有许多学者进行了系统研究，确定了气泡比表面积与气含率的计算关系，可以直接应用。本实验目的为：

（1）掌握静压法测定气含率的原理与方法；

（2）掌握气液鼓泡反应器的操作方法；

（3）了解气液比表面积的确定方法。

二、实验原理

（1）气含率　气含率是表征气液鼓泡反应器流体力学特性的基本参数之一，它直接影响反应器内气液接触面积，从而影响传质速率与宏观反应速率，是气液鼓泡反应器的重要设计参数，测定气含率的方法很多，静压法是较精确的一种，基本原理由反应器内伯努利方程而来，可测定各段平均气含率，也可测定某一水平位置的局部气含率。根据伯努利方程有：

$$\varepsilon_G = 1 + \left(\frac{g_c}{\rho_L g}\right)\left(\frac{dp}{dH}\right) \tag{5-1}$$

采用U形压差计测量时，两测压点平均气含率为：

$$\varepsilon_G = \frac{\Delta h}{H} \tag{5-2}$$

当气液鼓泡反应器空塔气速改变时，气含率会做相应变化，一般有如下关系：

$$\varepsilon_G \propto u_G^n \tag{5-3}$$

n 取决于流动状况。对安静鼓泡流，n 值在 0.7～1.2 之间；在湍动鼓泡流或过渡流区，u_G影响较小，n 为 0.4～0.7 范围内。

假设

$$\varepsilon_G = k u_G^n \tag{5-4}$$

则

$$\lg\varepsilon_G = \lg k + n\lg u_G \tag{5-5}$$

根据不同气速下的气含率数据，以 $\lg\varepsilon_G$ 对 $\lg u_G$ 作图标绘，或用最小二乘法进行数据拟合，即可得到关系式中参数 k 和 n 值。

(2) 气泡比表面积　气泡比表面积是单位液相体积的相界面积，也称气液接触面积、比相界面积，也是气液鼓泡反应器很重要的参数之一。许多学者进行了这方面的研究工作，如光透法、光反射法、照相技术、化学吸收法和探针技术等，每一种测试技术都存在着一定的局限性。

气泡比表面积 a 可由平均气泡直径 d 与相应的气含率 ε_G 计算：

$$a = \frac{6\varepsilon_G}{d} \tag{5-6}$$

Gestrich 对许多学者计算 a 的关系进行整理比较，得到了计算 a 值的公式：

$$a = 2600\left(\frac{H_0}{D}\right)^{0.3} K^{0.003}\varepsilon_G \tag{5-7}$$

方程式适用范围：

$$u_G \leqslant 0.60\text{m/s}$$

$$2.2 \leqslant \frac{H_0}{D} \leqslant 24$$

$$5.7\times10^5 \leqslant K < 10^{11}$$

因此在一定的气速 u_G 下，测定反应器的气含率 ε_G 数据，就可以间接得到气液比表面积 a。Gestrich 经大量数据比较，其计算偏差在±15%之内。

三、实验装置

反应器为一有机玻璃塔，塔径为 100mm，塔高 140mm，塔下方有一气体分布器。有两种规格的分布器可供选择：一种是微孔板分布器，其孔径约 5μm，另一种是 400 目的不锈钢筛网分布器，其孔径约 200μm。气体分布器是以聚丙烯为材料，在其上均匀打孔，孔径为 5mm。塔的下方有一法兰，用于拆装分布器。塔的右侧有玻璃测压管，可测出塔不同高度的压差。空气压缩机为气源，转子流量计调节空气流速。实验装置流程图如图 5-1 所示。

实验通过调节转子流量计调节气体的流量，测定玻璃压差计的压差，获得在不同气体流速下鼓泡反应器中的气含率。

四、操作步骤

(1) 将清水加入反应器床层中至一定刻度 (2m 处)；

(2) 检查 U 形压力计中液位在一个水平面上，防止有气泡存在；

(3) 通空气开始鼓泡，并逐渐调节流量值；

(4) 观察床层气液两相流动状态；

(5) 稳定后记录各点 U 形压力计刻度值；

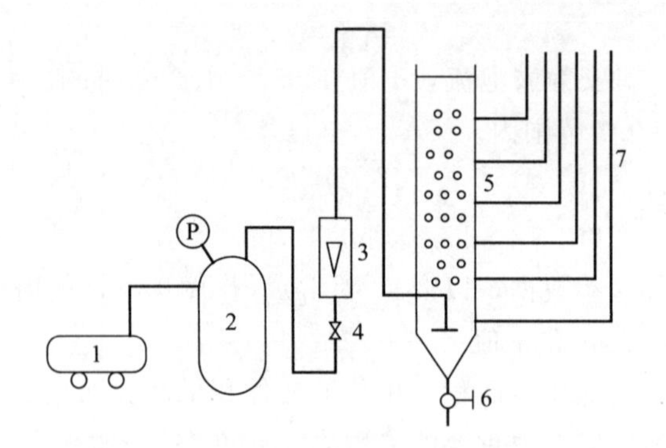

图 5-1 鼓泡反应器气泡比表面及气含率测定实验装置

1—空压机；2—缓冲罐（在空压机上）；3—流量计；4—调节阀；
5—反应器；6—放料口；7—压差计

（6）改变气体流量，重复上述操作（可做 8～10 个条件）；

（7）关闭气源，将反应器内清水放尽。

五、数据处理

（1）气含率的计算：

① 计算同一气速下鼓泡塔相邻测压点的气含率：

$$\varepsilon_G = \frac{\Delta h}{H}$$

② 计算此气速下的平均气含率；

③ 计算不同气速的气含率及平均气含率；

④ 关联参数　由 $\varepsilon_G = k u_G^n$ 得 $\lg\varepsilon_G = \lg k + n\lg u_G$。

根据不同气速下的气含率数据，以 $\lg\varepsilon_G$ 对 $\lg u_G$ 作图标绘，或用最小二乘法进行数据拟合，即可得到关系式中参数 k 和 n 值。

注意：转子流量计测得的是流量，计算时应将流量转化成流速。

（2）气泡比表面积的计算

$$a = 2600\left(\frac{H_0}{D}\right)^{0.3} K^{0.003} \varepsilon_G$$

$$K = \frac{\rho\sigma^3}{g\mu^4}$$

式中　D——塔直径；

H_0——静液层高度；

ρ——液体密度，kg/m³；

μ——液体黏度，kg/(m·s)；

σ——液体表面张力，kg/s²。

利用式(5-7) 计算不同气速 u_G 下的气泡比表面积 a，并在双对数坐标纸上绘出 a 与 u_G 的关系曲线。

六、预习与思考

（1）试叙述静压法测定气含率的基本原理。

（2）气含率与哪些因素有关？

（3）气液鼓泡反应区内流动区域是如何划分的？

（4）如何获得反应器内气液比表面积 a 的值。

七、结果与讨论

（1）分析气液鼓泡反应器内流动状态的变化；

（2）根据实验结果讨论ε_G与u_G关系，并分析实验误差；

（3）由计算结果分析气泡比表面积与u_G的变化关系。

八、注意事项

（1）调节气体流量时，应逐渐调节至实验值，压差计读数应等气体流量计稳定再读数。

（2）压力计中若有气泡，应先除去。

实验九 管式反应器流动特性的测定

一、实验目的

（1）了解连续均相管式循环反应器的返混特性。

（2）分析观察连续均相管式循环反应器的流动特征。

（3）研究不同循环比下的返混程度，计算模型参数 n。

二、实验原理

在工业生产上，对某些反应为了控制反应物的合适浓度，以便控制温度、转化率和收率，同时需要使物料在反应器内有足够的停留时间，并具有一定的线速度，而将反应物的一部分物料返回到反应器进口，使其与新鲜的物料混合再进入反应器进行反应。在连续流动的反应器内，不同停留时间的物料之间的混合称为返混。对于这种反应器循环与返混之间的关系，需要通过实验来测定。

在连续均相管式循环反应器中，若循环流量等于零，则反应器的返混程度与平推流反应器相近，由于管内流体的速度分布和扩散，会造成较小的返混。若有循环操作，则反应器出口的流体被强制返回反应器入口，也就是返混。返混程度的大小与循环流量有关，通常定义循环比 R 为：

$$R=\frac{\text{循环物料的体积流量}}{\text{离开反应器物料的体积流量}}$$

循环比 R 是连续均相管式循环反应器的重要特征，可自零变至无穷大。

当 $R=0$ 时，相当于平推流管式反应器。

当 $R=\infty$时，相当于全混流反应器。

因此，对于连续均相管式循环反应器，可以通过调节循环比 R，得到不同返混程度的反应系统。一般情况下，循环比大于 20 时，系统的返混特性已经非常接近全混流反应器。

返混程度的大小，一般很难直接测定，通常是利用物料停留时间分布的测定来研究。然而测定不同状态的反应器内停留时间分布时，我们可以发现，相同的停留时间分布可以有不同的返混情况，即返混与停留时间分布不存在一一对应的关系，因此不能用停留时间分布的实验测定数据直接表示返混程度，而要借助于反应器数学模型来间接表达。这里我们采用的是多釜串联模型。

所谓多釜串联模型是将一个实际反应器中的返混情况作为与若干个全混釜串联时的返混程度等效。根据反应工程的理论可知，串联的全混釜数越多，系统的返混程度越小，因此，可以用串联的釜数 n 作为模型参考，来描述返混程度。这里的若干个全混釜个数 n 是虚拟值，并不代表反应器个数，n 称为模型参数。多釜串联模型假定每个反应器为全混釜，反应器之间无返混，每个全混釜体积相同，则可以推导得到多釜串联反应器的停留时间分布函数关系，并得到无量纲方差 σ_θ^2 与模型参数 n 存在关系为

$$n=\frac{1}{\sigma_\theta^2}=\frac{\bar{t}^2}{\sigma_t^2}$$

停留时间分布的测定方法有脉冲法、阶跃法等，常用的是脉冲法。当系统达到稳定后，在系统的入口处瞬间注入一定量 Q 的示踪物料，同时开始在出口流体中检测示踪物料的浓度变化。

由停留时间分布密度函数的物理含义，可知

$$f(t)\mathrm{d}t=\frac{Vc(t)\mathrm{d}t}{Q} \qquad Q=\int_0^\infty Vc(t)\mathrm{d}t$$

所以

$$f(t)=\frac{Vc(t)}{\int_0^\infty Vc(t)\mathrm{d}t}=\frac{c(t)}{\int_0^\infty c(t)\mathrm{d}t}$$

由此可见 $f(t)$ 与示踪剂浓度 $c(t)$ 成正比。因此，本实验中用水作为连续流动的物料，以饱和 KCl 作示踪剂，在反应器出口处检测溶液电导值。在一定范围内，KCl 浓度与电导值成正比，则可用电导值来表达物料的停留时间变化关系，即 $f(t)\propto L(t)$，这里 $L(t)=L_t-L_\infty$，L_t 为 t 时刻的电导值，L_∞ 为无示踪剂时电导值。

由实验测定的停留时间分布密度函数 $f(t)$，有两个重要的特征值，即平均停留时间 $\bar{t}$ 和方差 σ_t^2，可由实验数据计算得到。若用离散形式表达，并取相同时间间隔 Δt，则：

$$\bar{t}=\frac{\sum tc(t)\Delta t}{\sum c(t)\Delta t}=\frac{\sum tL(t)}{\sum L(t)}$$

$$\sigma_t^2=\frac{\sum t^2c(t)}{\sum c(t)}-(\bar{t})^2=\frac{\sum t^2L(t)}{\sum L(t)}-\bar{t}^2$$

若用无量纲对比时间 θ 来表示，即 $\theta=t/\bar{t}$，无量纲方差 $\sigma_\theta^2=\sigma_t^2/\bar{t}^2$。

三、实验装置

实验装置由管式反应器和循环系统组成，如图 5-2 所示。循环泵开关在仪表屏上控制，流量由循环管阀门控制，流量直接显示在仪表屏上，单位是：L/h。实验时，进水从转子流量计调节流入系统，稳定后在系统的入口处（反应管下部进样口）快速注入示踪剂（0.5～1mL），由系统出口处电导电极检测示踪剂浓度变化，并显示在电导仪上，并可由记录仪记录。

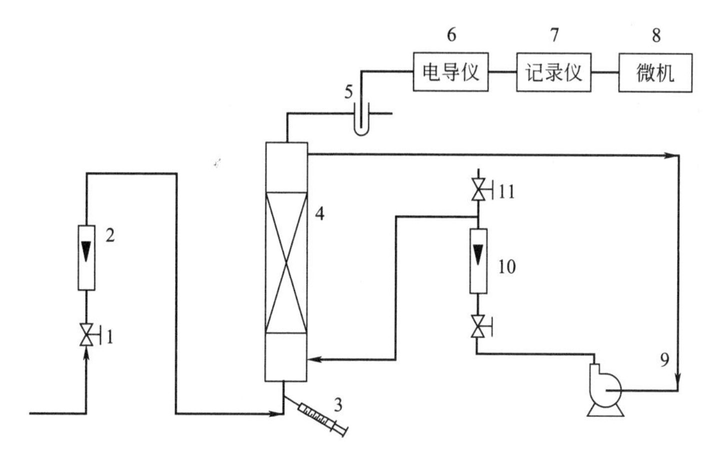

图 5-2　连续管式循环反应器返混状况测定实验装置示意图

1—进水阀；2—进水流量计；3—注射器；4—填料塔；5—电极；6—电导仪；
7—记录仪；8—微机；9—循环泵；10—循环流量计；11—放气阀

电导仪输出的毫伏信号经电缆进入 A/D 卡，A/D 卡将模拟信号转换成数字信号，由计算机集中采集、显示并记录，实验结束后，计算机可将实验数据及计算结果存储或打印出来。

四、操作步骤

（1）开车步骤

① 通电：开启电源开关，将电导率仪预热，以备测量。开电脑，打开“管式循环反应器数据采集”软件，准备开始。

② 通水：首先要放空，开启进料泵，让水注满管道，缓慢打开放空阀，有水喷出即放空成功，其次使水注满反应管，并从塔顶稳定流出，此时调节进水流量为 15L/h，保持流量稳定。

③ 循环进料：首先要放空，开启循环水泵，让水注满管道，缓慢打开放空阀，有水喷出即放空成功，其次通过调节流量计阀门的开度，调节循环水的流量。

（2）进样操作

① 将预先配制好的食盐溶液加入盐水池内，待系统稳定后，迅速注入示踪剂（0.1～1.0s），即点击软件上“注入盐溶液”图标，自动进行数据采集，每次采集时间需35～40min。

② 当电脑记录显示的曲线在 2min 内不发生变化时，即认为终点已到，点击“停止”键，并立即按“保存数据”键存储数据。

③ 打开“历史记录”选择相应的保存文件进行数据处理，实验结果可保存或打印。

④ 改变条件，即改变循环比 $R=0$、3、5，重复①～③步骤。

（3）结束步骤　先关闭自来水阀门，再依次关闭流量计、水泵、电导率仪、总电源；关闭计算机，将仪器复原。

五、数据处理

（1）选择一组实验数据，用离散方法计算平均停留时间、方差，从而计算无量纲方差和模型参数，要求写清计算步骤。

（2）与计算机计算结果比较，分析偏差原因。

（3）列出数据处理结果表。

六、预习与思考

（1）何谓循环比？循环反应器的特征是什么？

（2）脉冲示踪法对示踪剂的要求？

（3）本实验采用什么数学模型描述返混程度？表征返混程度的模型参数是什么？该参数值的大小说明了什么？

（4）何谓返混？返混的起因是什么？限制返混的措施有哪些？

七、结果与讨论

（1）计算出不同条件下系统的平均停留时间，分析偏差原因；

（2）计算模型参数 n，讨论不同条件下系统的返混程度大小；

（3）讨论不同循环比对返混的影响，以及如何限制返混或加大返混程度；

（4）讨论流量对返混的影响。

八、注意事项

（1）实验循环比做三个，$R=0$、3、5。

（2）调节流量稳定后方可注入示踪剂，整个操作过程中注意控制流量。

（3）抽取示踪剂时勿吸入底层晶体，以免堵塞。

（4）一旦失误，应等示踪剂出峰全部走平后，再重做。

实验十 单釜与三釜串联返混性能的测定

一、实验目的

本实验通过单釜与三釜反应器中停留时间分布的测定，将数据计算结果用多釜串联模型来定量返混程度，从而认识限制返混的措施。本实验目的为：

（1）掌握停留时间分布的测定方法。

（2）了解停留时间分布与多釜串联模型的关系。

（3）了解模型参数 n 的物理意义及计算方法。

二、实验原理

在连续流动的反应器内，不同停留时间的物料之间的混合称为返混。返混程度的大小，一般很难直接测定，通常是利用物料停留时间分布的测定来研究。然而测定不同状态的反应器内停留时间分布时，可以发现，相同的停留时间分布可以有不同的返混情况，即返混与停留时间分布不存在一一对应的关系，因此不能用停留时间分布的实验测定数据直接表示返混程度，而要借助于反应器数学模型来间接表达。

物料在反应器内的停留时间完全是一个随机过程，必须用概率分布方法来定量描述。所用的概率分布函数为停留时间分布密度函数 $f(t)$ 和停留时间分布函数 $F(t)$。停留时间分布密度函数 $f(t)$ 的物理意义是：同时进入的 N 个流体粒子中，停留时间介于 t 到 $t+\mathrm{d}t$ 间的流体粒子所占的百分率 $\mathrm{d}N/N$ 为 $f(t)\mathrm{d}t$。停留时间分布函数 $F(t)$ 的物理意义是：流过系统的物料中停留时间小于 t 的物料的分率。

停留时间分布的测定方法有脉冲法、阶跃法等，常用的是脉冲法。当系统达到稳定后，在系统的入口处瞬间注入一定量 Q 的示踪物料，同时开始在出口流体中检测示踪物料的浓度变化。

由停留时间分布密度函数的物理含义，可知

$$f(t)\mathrm{d}t=Vc(t)\mathrm{d}t/Q \tag{5-8}$$

$$Q=\int_0^{\infty}Vc(t)\mathrm{d}t \tag{5-9}$$

所以

$$f(t)=\frac{Vc(t)}{\int_0^{\infty}Vc(t)\mathrm{d}t}=\frac{c(t)}{\int_0^{\infty}c(t)\mathrm{d}t} \tag{5-10}$$

由此可见 $f(t)$ 与示踪剂浓度 $c(t)$ 成正比。因此，本实验中用水作为连续流动的物料，以饱和 KCl 作示踪剂，在反应器出口处检测溶液电导值。在一定范围内，KCl 浓度与电导率成正比，则可用电导率的变化来表达物料的停留时间的变化关系，即 $f(t)\propto L(t)$，这里 $L(t)=L_t-L_{\infty}$，L_t 为 t 时刻的电导值，L_{∞} 为无示踪剂时电导值。

停留时间分布密度函数 $f(t)$ 在概率论中有两个特征值，平均停留时间（数学期望）$\bar{t}$ 和方差 σ_t^2。

$\bar{t}$ 的表达式为：

$$\bar{t}=\int_0^{\infty}tf(t)\mathrm{d}t=\frac{\int_0^{\infty}tc(t)\mathrm{d}t}{\int_0^{\infty}c(t)\mathrm{d}t} \tag{5-11}$$

采用离散形式表达，并取相同时间间隔 Δt，则：

$$\bar{t}=\frac{\sum tc(t)\Delta t}{\sum c(t)\Delta t}=\frac{\sum tL(t)}{\sum L(t)} \tag{5-12}$$

σ_t^2 的表达式为：

$$\sigma_t^2=\int_0^{\infty}(t-\bar{t})^2f(t)\mathrm{d}t=\int_0^{\infty}t^2f(t)\mathrm{d}t-\bar{t}^2 \tag{5-13}$$

也用离散形式表达，并取相同 Δt，则：

$$\sigma_t^2=\frac{\sum t^2c(t)}{\sum c(t)}-(\bar{t})^2=\frac{\sum t^2L(t)}{\sum L(t)}-\bar{t}^2 \tag{5-14}$$

若用无量纲对比时间 θ 来表示，即 $\theta=t/\bar{t}$，无量纲方差 $\sigma_\theta^2=\sigma_t^2/\bar{t}^2$。

在测定了一个系统的停留时间分布后，如何来评价其返混程度，则需要用反应器模型来描述，这里采用的是多釜串联模型。

所谓多釜串联模型是将一个实际反应器中的返混情况作为与若干个全混釜串联时的返混程度等效。根据反应工程的理论可知，串联的全混釜数越多，系统的返混程度越小，因此，可以用串联的釜数 n 作为模型参考，来描述返混程度。这里的若干个全混釜个数 n 是虚拟值，并不代表反应器个数，n 称为模型参数。多釜串联模型假定每个反应器为全混釜，反应器之间无返混，每个全混釜体积相同，则可以推导得到多釜串联反应器的停留时间分布函数关系，并得到无量纲方差 σ_θ^2 与模型参数 n 存在关系为

$$n=\frac{1}{\sigma_\theta^2} \tag{5-15}$$

当 $n=1$，$\sigma_\theta^2=1$，为全混釜特征；

当 $n\to\infty$，$\sigma_\theta^2\to 0$，为平推流特征。

这里 n 是模型参数，是个虚拟釜数，并不限于整数。

三、实验装置

实验装置如图 5-3 所示，由单釜与三釜串联两个系统组成。三釜串联反应器中每个釜的体积为 1L，单釜反应器体积为 3L，用可控硅直流调速装置调速。实验时，水分别从两个转子流量计流入两个系统，稳定后在两个系统的入口处分别快速注入示踪剂，由每个反应釜出口处电导电极检测示踪剂浓度变化，并由记录仪自动录下来。

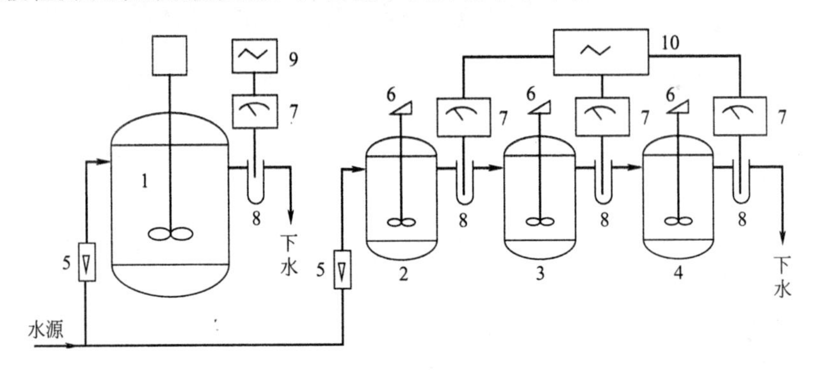

图 5-3 连续流动反应器返混实验装置图

1—全混釜（3L）；2～4—全混釜（1L）；5—转子流量计；6—电机；7—电导率仪；8—电导电极；9—记录仪；10—四笔记录仪或微机

四、操作步骤

（1）通水，开启水开关，让水注满反应釜，调节进水流量为 20L/h，保持流量稳定。

（2）通电，开启电源开关。

① 启动计算机数据处理系统；

② 开启电导仪并调整好，以备测量；

③ 开动搅拌装置，转速应大于 300r/min。

（3）待系统稳定后，用注射器在入口处迅速注入示踪剂，同时，按下计算机数据采集按钮。

（4）当计算机上显示示踪剂出口浓度在 2min 内觉察不到变化时，即认为终点已到。

（5）关闭仪器、电源、水源，排清釜中料液，实验结束。

五、数据处理

（1）选择一组实验数据，计算出不同条件下系统的平均停留时间、方差，从而计算无量

纲方差和模型参数，要求写清计算步骤；

（2）将上述计算结果与计算机输出结果做比较，若有偏差，请分析原因。

六、预习与思考

（1）为什么说返混与停留时间分布不是一一对应的？为什么又可以通过测定停留时间分布来研究返混呢？

（2）测定停留时间分布的方法有哪些？本实验采用哪种方法？

（3）模型参数与实验中反应釜的个数有何不同？为什么？

七、结果与讨论

（1）根据不同系统的模型参数 n，讨论其返混程度大小；

（2）讨论一下如何限制返混或加大返混程度。

主要符号说明

$c(t)$——t 时刻反应器内示踪剂浓度；

$f(t)$——停留时间分布密度；

$F(t)$——停留时间分布函数；

L_t，L_∞，$L(t)$——液体的电导值；

n——模型参数；

t——时间；

V——液体体积流量；

t——数学期望，或平均停留时间；

σ_t^2，σ_θ^2——方差；

θ——无量纲时间。

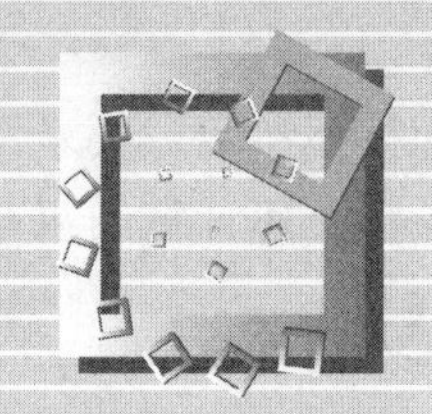

第六章　化工工艺实验

实验十一 乙苯脱氢制苯乙烯工艺条件的研究

一、实验目的

（1）掌握乙苯脱氢实验的反应过程和反应机理、特点，了解副反应和生成副产物的过程。

（2）学习气固相管式催化反应器的构造、原理和使用方法，学习反应器正常操作和安装。

（3）自动控制仪表的使用，如何设定温度和加热电流大小。怎样控制床层温度分布。

（4）了解气相色谱的原理和构造，掌握色谱的正常使用和分析条件选择，学习如何手动进样分析液体成分。

二、实验原理

本实验是以乙苯为原料，氧化铁系为催化剂，在固定床单管反应器中制备苯乙烯的过程，其主副反应分别为：

主反应：

$$C_6H_5CH_2CH_3 \rightleftharpoons C_6H_5CH{=}CH_2 + H_2 \quad +117.8kJ/mol$$

副反应：

$$C_6H_5CH_2CH_3 \rightleftharpoons C_6H_6 + CH_4 \quad +105kJ/mol$$

$$C_6H_5CH_2CH_3 + H_2 \rightleftharpoons C_6H_6 + C_2H_6 \quad -31.5kJ/mol$$

$$C_6H_5CH_2CH_3 + H_2 \rightleftharpoons C_6H_5CH_3 + CH_4 \quad -54.4kJ/mol$$

在水蒸气存在的条件下，还可能发生下列反应：

$$C_6H_5CH_2CH_3 + 2H_2O \rightleftharpoons C_6H_5CH_3 + CO_2 + 3H_2$$

此外还有芳烃脱氢缩合及苯乙烯聚合生成焦油和焦等。这些连串副反应的发生不仅使反应的选择性下降，而且极易使催化剂表面结焦进而活性下降。

影响本反应的因素有：

（1）温度的影响　乙苯脱氢反应为吸热反应，$\Delta H^{\ominus}>0$，从平衡常数与温度的关系式 $\left(\dfrac{\partial \ln K_p}{\partial T}\right)_p=\dfrac{\Delta H^{\ominus}}{RT^2}$ 可知，提高温度可增大平衡常数，从而提高脱氢反应的平衡转化率。但是温度过高副反应增加，使苯乙烯选择性下降，能耗增大，设备材质要求增加，故应控制适宜的反应温度。本实验的反应温度为：540～600℃。

（2）压力的影响　乙苯脱氢为体积增加的反应，从平衡常数与压力的关系式 $K_p=K_n\left(\dfrac{p_{总}}{\sum n_i}\right)^{\Delta\gamma}$ 可知，当 $\Delta\gamma>0$ 时，降低总压 $p_{总}$ 可使 K_n 增大，从而增加了反应的平衡转化率，故降低压力有利于平衡向脱氢方向移动。本实验加水蒸气的目的是降低乙苯的分压，以提高平衡转化率。较适宜的水蒸气用量为水：乙苯＝1.5：1（体积比）＝8：1（摩尔比）。

（3）空速的影响　乙苯脱氢反应系统中有平衡副反应和连串副反应，随着接触时间的增加，副反应也增加，苯乙烯的选择性可能下降，适宜的空速与催化剂的活性及反应温度有关，本实验乙苯的液空速以 $0.6h^{-1}$ 为宜。

（4）催化剂　本实验采用氧化铁系催化剂，其组成为：Fe_2O_3-CuO-K_2O_3-CeO_2。

三、实验装置

实验装置流程图如图 6-1 所示，在汽化温度 300℃，脱氢反应温度 540～600℃，水：乙苯＝1.5：1（体积比），相当于乙苯加料 0.5mL/min，蒸馏水 0.75mL/min（50mL 催化剂）的条件下，考察不同温度对乙苯的转化率、苯乙烯的选择性、收率的影响。

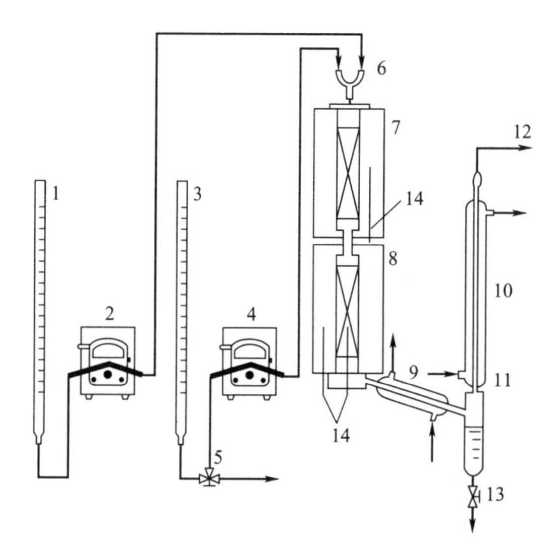

图 6-1　乙苯脱氢制苯乙烯工艺实验流程图

1,3—计量管；2,4—计量泵；5—排空阀；6—混合器；7—汽化器；8—反应器；9,10—冷凝器；11—分离器；12—尾气；13—取样阀；14—热电偶

四、操作步骤

（1）了解并熟悉实验装置及流程，搞清物料走向及加料、出料方法。

（2）检查色谱载气的压力，接好色谱载气接口，处理好色谱尾气接口，检查色谱柱的连接情况。

（3）接通电源，使汽化器、反应器分别逐步升温至预定的温度，同时打开冷却水。

（4）分别校正蒸馏水和乙苯的流量（0.75mL/min 和 0.5mL/min，用量筒测量流量，用秒表计时，以 5mL 或 10mL 为准）。

（5）当汽化器温度达到 300℃后，反应器温度达 400℃左右开始加入已校正好流量的蒸馏水。当反应温度升至 500℃左右，加入已校正好流量的乙苯，继续升温至 540℃使之稳定半小时。

（6）反应开始每隔 15min 取一次数据，每个温度至少取两个数据，粗产品从分离器中放入量筒内。然后用分液漏斗分去水层，称出烃层液质量。

（7）取少量烃层液样品，用气相色谱分析其组成，并计算出各组分的百分含量。

（8）反应结束后，停止加乙苯。反应温度维持在 500℃左右，继续通水蒸气，进行催化剂的清焦再生，约半小时后停止通水，并降温。

（9）关闭总电源，关闭冷却水阀门。

五、数据处理

（1）实验数据记录

① 原始记录

时间	温度/℃		原料流量(10～20min)/mL						粗产品/g		尾气
	汽化器	反应器	乙苯			水			烃层液	水层	
			始	终		始	终				

② 粗产品分析结果

反应温度/℃	乙苯加入量/g	粗产品							
		苯		甲苯		乙苯		苯乙烯	
		含量/%	重/g	含量/%	重/g	含量/%	重/g	含量/%	重/g

（2）实验数据计算

乙苯的转化率：
$$\alpha=\frac{RF}{FF}\times 100\%$$

苯乙烯的选择性：
$$S=\frac{P/M_1}{RF/M_0}\times 100\%$$

苯乙烯的收率：　　　　　　　$Y=\alpha S\times100\%$

式中　α——原料乙苯的转化率，%（摩尔分数）；

S——目的产物苯乙烯的选择性，%（摩尔分数）；

Y——目的产物苯乙烯的收率，%（摩尔分数）；

RF——原料乙苯的消耗量，g；

FF——原料乙苯加入量，g；

P——生成目的产物苯乙烯的量，g；

M_0——乙苯的分子量；

M_1——苯乙烯的分子量。

六、预习与思考

（1）为什么乙苯脱氢制苯乙烯反应需要控制适宜温度？

（2）对本反应而言加压有利还是减压有利？工业上是如何来实现加减压操作的？本实验采用什么方法？为什么加入水蒸气可以降低烃分压？

（3）在本实验中你认为有哪几种液体产物生成？哪几种气体产物生成？如何分析？

（4）进行反应物料衡算，需要一些什么数据？如何搜集并进行处理？

七、结果与讨论

（1）计算原料乙苯的转化率，产物苯乙烯收率，副产物苯和甲苯含率，乙苯的选择性并将结果列表。

（2）分别将转化率、选择性及收率对反应温度作出图表，找出最适宜的反应温度区域，并对所得实验结果进行讨论（包括曲线图趋势的合理性、误差分析、成败原因等）。

八、注意事项

（1）取样前，提前设定色谱条件，待色谱稳定后进行分析。

（2）实验过程中，反应器及汽化室的温度较高，请勿碰触。

（3）实验过程中，注意通风。

实验十二
催化反应精馏法制甲缩醛工艺条件的研究

反应精馏法是集反应与分离为一体的一种特殊精馏技术，该技术将反应过程的工艺特点与分离设备的工程特性有机结合在一起，既能利用精馏的分离作用提高反应的平衡转化率，抑制串联副反应的发生，又能利用放热反应的热效应降低精馏的能耗，强化传质。因此，在化工生产中得到越来越广泛的应用。

一、实验目的

（1）了解反应精馏工艺过程的特点，增强工艺与工程相结合的观念。

（2）掌握反应精馏装置的操作控制方法，学会通过观察反应精馏塔内的温度分布，判断浓度的变化趋势，采取正确调控手段。

（3）学会用正交设计的方法，设计合理的实验方案，进行工艺条件的优选。

（4）获得反应精馏法制备甲缩醛的最优工艺条件，明确主要影响因素。

二、实验原理

本实验以甲醛与甲醇缩合生产甲缩醛的反应为对象进行反应精馏工艺的研究。合成甲缩醛的反应为：

$$2CH_3OH + CH_2O \longrightarrow C_3H_8O_2 + H_2O$$

该反应是在酸催化条件下进行的可逆放热反应，受平衡转化率的限制，若采用传统的先反应后分离的方法，即使以高浓度的甲醛水溶液（38%～40%）为原料，甲醛的转化率也只能达到60%左右，大量未反应的稀甲醛不仅给后续的分离造成困难，而且稀甲醛浓缩时产生的甲酸对设备的腐蚀严重。而采用反应精馏的方法则可有效地克服平衡转化率这一热力学障碍，因为该反应物系中各组分相对挥发度的大小次序为：$\alpha_{甲缩醛} > \alpha_{甲醇} > \alpha_{甲醛} > \alpha_{水}$，可见，由于产物甲缩醛具有最大的相对挥发度，利用精馏的作用可将其不断地从系统中分离出去，促使平衡向生成产物的方向移动，大幅度提高甲醛的平衡转化率，若原料配比控制合理，甚至可达到接近平衡转化率。

此外，采用反应精馏技术还具有如下优点：

（1）在合理的工艺及设备条件下，可从塔顶直接获得合格的甲缩醛产品。

（2）反应和分离在同一设备中进行，可节省设备费用和操作费用。

（3）反应热直接用于精馏过程，可降低能耗。

（4）由于精馏的提浓作用，对原料甲醛的浓度要求降低，浓度为7%～38%的甲醛水溶液均可直接使用。

三、实验装置

反应精馏塔由玻璃制成如图6-2所示。塔径为25mm，塔高约2400mm，共分为三段，由下至上分别为提馏段、反应段、精馏段，塔内填装弹簧状玻璃丝填料。塔釜为1000mL四口烧瓶，置于1000W电热碗中。塔顶采用电磁摆针式回流比控制装置。在塔釜、塔体和塔顶共设了五个测温点。

原料甲醛与催化剂混合后，经计量泵由反应段的顶部加入，甲醇由反应段底部加入。用气相色谱分析塔顶和塔釜产物的组成。

本实验主要考察原料甲醛的浓度、甲醛与甲醇的配比、催化剂浓度、回流比等因素对塔顶产物甲缩醛的纯度和生成速率的影响，从中优选出最佳的工艺条件。实验中，各因素水平变化的范围是：甲醛溶液浓度（质量浓度）10%～38%，甲醛：甲醇（物质的量比）为(1：8)～(1：2)，催化剂浓度1%～3%，回流比5～15。由于实验涉及多因子多水平的优选，故采用正交实验设计的方法组织实验，通过数据处理，方差分析，确定主要因素和优化条件。

四、操作步骤

（1）原料准备：

① 在甲醛水溶液中加入1%～3%的浓硫酸作为催化剂。

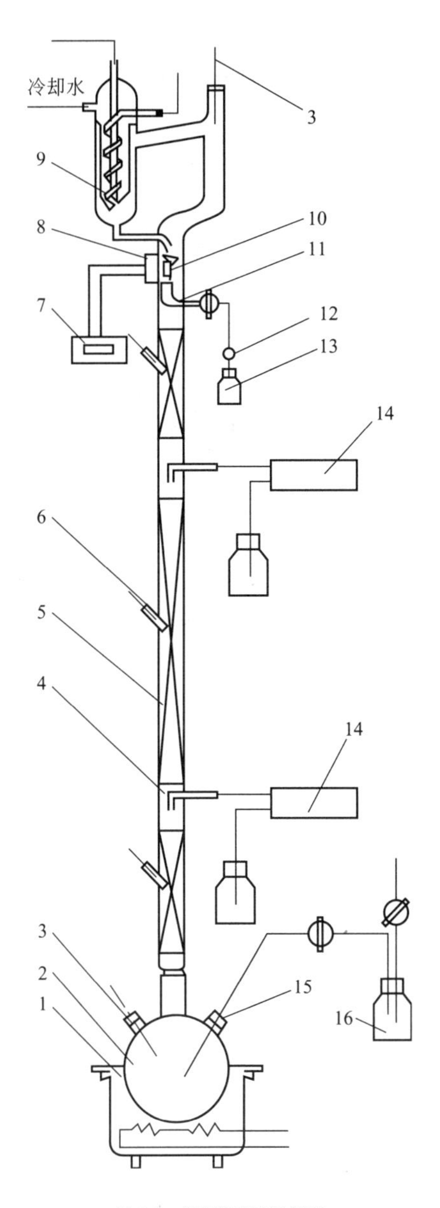

图 6-2　催化精馏实验装置

1—电热锅；2—塔釜；3,6—温度计；4—进料口；5—填料；7—时间继电器；
8—电磁铁；9—冷凝器；10—回流摆体；11—计量杯；12—数滴滴球；13—产品槽；
14—计量泵；15—塔釜出料口；16—釜液贮瓶

② CP 级或工业甲醇。

(2) 操作准备：检查精馏塔进出料系统各管线上的阀门开闭状态是否正常。

向塔釜加入 400mL 约 10%的甲醇水溶液。

调节计量泵，分别标定甲醛溶液和甲醇的进料流量。要求控制原料甲醛溶液的进料量在 3～4mL/min，然后根据选定的甲醛：甲醇（物质的量之比）以及原料甲醇的密度和浓度，确定甲醇进料的体积流量（mL/min）。

(3) 实验操作：

① 先开启塔顶冷却水，再开启塔釜加热器，加热量要逐步增加，不宜过猛。当塔顶有

冷凝液后，全回流操作约20min。

② 按选定的实验条件，开始进料，同时将回流比控制器拨到给定的数值。进料后，仔细观察并跟踪记录塔内各点的温度变化，测定并记录塔顶与塔釜的出料速度，调节出料量，使系统物料平衡。待塔顶温度稳定后，每隔15min取一次塔顶、塔釜样品，分析其组成，共取样2～3次。取其平均值作为实验结果。

③ 依正交实验计划表，改变实验条件，重复步骤②，可获得不同条件下的实验结果。

④ 实验完成后，切断进出料，停止加热，待塔顶不再有凝液回流时，关闭冷却水。

注意：本实验按正交表进行，因素水平表如表6-1所示，选用$L_9(3^4)$正交表进行实验，实验量大，可安排多组学生共同完成。

表 6-1 因素水平表

因素 / 水平	A	B	C	D
	回流比	催化剂/%	甲醛浓度/%	醇：醛
1	2	1	10	2
2	3	2	19	3
3	4	3	38	4

注：催化剂——以甲醛溶液质量为基准的催化剂浓度（质量分数），%；

甲醛浓度——指进料甲醛的浓度（质量分数），%；

醇：醛——甲醇与甲醛的物质的量比；

塔顶采出——塔顶产品的采出速率，g/min。

五、数据处理

（1）列出实验原始记录表，计算甲缩醛产品的收率。

甲缩醛收率计算式：

$$\eta=\frac{Dx_d+Wx_w}{Fx_f}\times\frac{M_1}{M_0}\times 100\%$$

式中 x_d——塔顶馏出液中甲缩醛的质量分数；

x_w——塔釜出料中甲缩醛的质量分数；

x_f——进料中甲醛的质量分数；

D——塔顶馏出液的质量流率，g/min；

F——进料甲醛水溶液的质量流率，g/min；

W——塔釜出料的质量流率，g/min；

M_1，M_0——甲醛、甲缩醛的分子量；

η——甲缩醛的收率。

（2）绘制全塔温度分布图。

（3）绘制甲缩醛产品收率和纯度与回流比的关系图。

（4）以甲缩醛产品的收率为实验指标，列出正交实验结果表，运用方差分析确定最佳工艺条件。

六、 预习与思考

（1）采用反应精馏工艺制备甲缩醛，从哪些方面体现了工艺与工程相结合所带来的优势？

（2）是不是所有的可逆反应都可以采用反应精馏工艺来提高平衡转化率？为什么？

（3）在反应精馏塔中，塔内各段的温度分布主要由哪些因素决定？

（4）反应精馏塔操作中，甲醛和甲醇加料位置的确定根据什么原则？为什么催化剂硫酸要与甲醛而不是甲醇一同加入？实验中，甲醛原料的进料体积流量如何确定？

（5）若以产品甲缩醛的收率为实验指标，实验中应采集和测定哪些数据？请设计一张实验原始数据记录表。

（6）若不考虑甲醛浓度、原料配比、催化剂浓度、回流比这四个因素间的交互作用，请设计一张三水平的正交实验计划表。

七、 结果与讨论

（1）反应精馏塔内的温度分布有什么特点？随原料甲醛浓度和催化剂浓度的变化，反应段温度如何变化？这个变化说明了什么？

（2）根据塔顶产品纯度与回流比的关系，塔内温度分布的特点，讨论反应精馏与普通精馏有何异同。

（3）本实验在制定正交实验计划表时没有考虑各因素间的交互影响，您认为是否合理？若不合理，应该考虑哪些因子间的交互作用？

（4）要提高甲缩醛产品的收率可采取哪些措施？

八、 注意事项

（1）设定时间分配器时，为减小摆针晃动的影响，要求采出时间≥3s。

（2）每次停止加料后应将塔内甲缩醛排尽，以免影响下一次实验，将回流比调为1∶1，继续塔顶采出，直至塔顶温度为60℃，关闭回流分配器开关。

（3）实验结束后，将蠕动泵管卡松开，卸下胶管，同时将管内原料倒回瓶中，继续用加料管加水清洗加料管，以免胶管变形或破裂，使蠕动泵头腐蚀。

（4）实验过程中，注意通风，配样及取样过程需佩戴防护用品。

实验十三 催化反应精馏法制乙酸乙酯工艺条件的研究

反应精馏是化学反应与精馏相耦合的化工过程，原料在进行化学反应的同时，用精馏方法分离产物，使反应朝有利于反应产物的方向进行，因此反应精馏能使可逆反应的速率加快，打破平衡限制，提高转化率。与传统生产工艺相比，具有选择性高、平衡转化率高、生产能力高、产品纯度高、投资少、操作费用低、能耗低等优点，因此反应精馏技术引起人们极大关注。

一、实验目的

（1）了解反应精馏工艺过程的特点，增强工艺与工程相结合的观念。

（2）掌握反应精馏装置的操作控制方法，学会通过观察反应精馏塔内的温度分布，判断浓度的变化趋势，采取正确调控手段。

(3) 能进行全塔物料衡算和塔操作的过程分析。

(4) 学会用正交设计的方法，设计合理的实验方案，进行工艺条件的优选。

(5) 获得反应精馏法制备乙酸乙酯的最优工艺条件，明确主要影响因素。

二、实验原理

目前，我国乙酸乙酯的生产主要采用以浓硫酸为催化剂的直接酯化工艺，反应由于受化学平衡的限制，单程转化率较低。为了提高转化率，生产上往往采用乙醇过量，水洗回收，生产流程长，能耗高。

反应精馏合成酯的过程可分为两类：一类为在塔釜中进行反应，塔身起精馏产品的作用，催化剂加入釜中，这种过程有连续、间歇之分；另一类为在精馏塔中进行反应，酸和醇分别从塔的不同部位进入塔中，塔身有时有侧线进料。

本实验拟以乙酸与乙醇在硫酸作为催化剂条件下利用反应精馏技术制备并提纯乙酸乙酯。该反应是典型的平衡控制反应，受平衡转化率限制。利用反应精馏技术将反应和分离过程结合在一个塔中进行，不但可节省设备、能量和时间，而且由于生成物不断地从反应区中移走，破坏可逆反应的化学平衡，使之对正向反应有利，从而得到高的酯收率和纯度。

乙酸和乙醇酯化生产乙酸乙酯和水是反应精馏技术第一个广泛研究的案例。这些组分常压沸点见表 6-2。

表 6-2　纯物质物理性质

物质	水	乙醇	乙酸	乙酸乙酯
沸点/℃	100	78.3	118	77.1
分子量	18.02	46.07	60.05	88.1
相对密度	1.0	0.816	1.05	0.902

表 6-3　共沸物沸点及组成

共沸物	沸点/℃	组成(质量分数)/%		
		水	乙醇	乙酸乙酯
水-乙醇	78.1	4.5	95.5	—
水-乙酸乙酯	70.4	6.1	—	93.9
乙醇-乙酸乙酯	71.8	—	30.8	69.2
水-乙醇-乙酸乙酯	70.3	7.8	9.0	83.2

此外，体系中四种组分还相互形成多种恒沸体系，见表 6-3。从表 6-3 可见，其中形成的三元恒沸物的恒沸点最低，与乙酸乙酯-水两元恒沸物接近。在反应精馏过程中，获得的塔顶产品是乙酸乙酯-乙醇-水三元混合物。为了便于后续的提纯操作，要求尽量降低塔顶产品中乙醇的含量，因此在反应中采用乙酸过量，尽量使乙醇反应完全。从反应式可知，反应生成的乙酸乙酯和水的质量比约为 4.9∶1，由于反应本身生成的水也不能通过形成的乙酸乙酯-乙醇-水三元混合物全部从塔顶带出，因此部分反应产生的水和原料 95%乙醇中的水将

进入塔釜。

三、实验装置

实验装置如图 6-2 所示。

本实验采用连续操作的反应精馏过程，原料乙酸（含催化剂硫酸）和乙醇分别从反应精馏塔的反应段的上部和下部连续进料，塔顶连续采出产物。由于乙酸沸点较高，乙醇沸点较低，两者在反应段反应生成酯，未反应完的乙酸和部分水进入塔釜，酯以恒沸物形式从塔顶采出。反应精馏过程中，进料流量及醇/酸比、回流比、催化剂浓度及塔釜温度等多种条件对乙酸乙酯产率及塔顶乙酸乙酯纯度都有影响。实验中采用正交实验设计的方法安排实验，确定主要因素并优化条件。

实验中，各因素水平变化的范围是：乙酸溶液浓度（质量浓度）60%～80%，乙醇：乙酸（物质的量比）为（1：8)～(1：2)，催化剂浓度 1%～3%，回流比 5～15。由于实验涉及多因子多水平的优选，故采用正交实验设计的方法组织实验，通过数据处理，方差分析，确定主要因素和优化条件。

四、操作步骤

（1）原料准备

① 在乙酸溶液中加入 1%、2%、3%的浓硫酸作为催化剂。

② CP 级或工业乙醇。

（2）操作准备：检查精馏塔进出料系统各管线上的阀门开闭状态是否正常。向塔釜加入 300mL 约 10%的乙酸溶液。调节计量泵，分别标定原料乙酸和乙醇的进料流量，乙醇的体积流量控制在 4～5 mL/min。

（3）实验操作

① 先开启塔顶冷却水。再开启塔釜加热器，加热量要逐步增加，不宜过猛。当塔顶有冷凝液后，全回流操作约 20min。

② 按选定的实验条件，开始进料，同时将回流比控制器拨到给定的数值。进料后，仔细观察并跟踪记录塔内各点的温度变化，测定并记录塔顶与塔釜的出料速度，调节出料量，使系统物料平衡。待塔顶温度稳定后，每隔 15min 取一次塔顶、塔釜样品，分析其组成，共取样 2～3 次。取其平均值作为实验结果。

③ 依正交实验计划表，改变实验条件，重复步骤②，可获得不同条件下的实验结果。

④ 实验完成后，切断进出料，停止加热，待塔顶不再有凝液回流时，关闭冷却水。

五、数据处理

（1）列出实验原始记录表，计算乙酸乙酯产品的收率。

乙酸乙酯收率计算式：

$$\eta=\frac{D x_{\mathrm{d}}+W x_{\mathrm{w}}}{F x_{\mathrm{f}}}\times\frac{M_1}{M_0}\times 100\%$$

式中 x_{d}——塔顶馏出液中乙酸乙酯的质量分数；

x_{w}——塔釜出料中乙酸乙酯的质量分数；

x_{f}——进料中乙酸的质量分数；

D——塔顶馏出液的质量流率，g/min；

F——进料乙酸溶液的质量流率，g/min；

W——塔釜出料的质量流率，g/min；

M_1——乙酸的分子量；

M_0——乙酸乙酯的分子量；

η——乙酸乙酯的收率。

（2）绘制全塔温度分布图。

（3）绘制乙酸乙酯产品收率和纯度与回流比的关系图。

（4）以乙酸乙酯产品的收率为实验指标，列出正交实验结果表，运用方差分析确定最佳工艺条件。

六、预习与思考

（1）采用反应精馏工艺制备乙酸乙酯，从哪些方面体现了工艺与工程相结合所带来的优势？

（2）是不是所有的可逆反应都可以采用反应精馏工艺来提高平衡转化率？为什么？

（3）在反应精馏塔中，塔内各段的温度分布主要由哪些因素决定？

（4）反应精馏塔操作中，乙酸和乙醇加料位置的确定根据什么原则？为什么催化剂硫酸要与乙酸而不是乙醇一同加入？实验中，乙酸原料的进料体积流量如何确定？

（5）若以产品乙酸乙酯的收率为实验指标，实验中应采集和测定哪些数据？请设计一张实验原始数据记录表。

七、结果与讨论

（1）反应精馏塔内的温度分布有什么特点？随原料乙酸浓度和催化剂浓度的变化，反应段温度如何变化？这个变化说明了什么？

（2）根据塔顶产品纯度与回流比的关系，塔内温度分布的特点，讨论反应精馏与普通精馏有何异同。

（3）本实验在制定正交实验计划表时没有考虑各因素间的交互影响，您认为是否合理？若不合理，应该考虑哪些因子间的交互作用？

（4）要提高乙酸乙酯产品的收率可采取哪些措施？

八、注意事项

（1）设定时间分配器时，为减小摆针晃动的影响，要求采出时间≥3s。

（2）每次停止加料后应将塔内乙酸乙酯排尽，以免影响下一次实验，将回流比调为1∶1，继续塔顶采出，直至塔顶温度为60℃，关闭回流分配器开关。

（3）实验结束后，将蠕动泵管卡松开，卸下胶管，同时将管内原料倒回瓶中，继续用加料管加水清洗加料管，以免胶管变形或破裂，使蠕动泵头腐蚀。

（4）实验过程中，注意通风，配样及取样过程需佩戴防护用品。

第七章 化工产品合成实验

实验十四
生物化工产品——尿囊素的合成

一、实验目的

尿囊素（Allantoin）又名5-脲基乙内酰胺，化学名称为1-脲基间二氮杂环戊烷-2,4-二酮或2,5-二氧代-4-咪唑烷基脲，分子式$C_4H_6O_3N_4$，分子量158.12，是一种无味无臭的白色结晶体，熔点228～235℃，不溶于乙醇、氯仿和乙醚等有机溶剂。在冷水中微溶，可溶于稀乙醇水溶液及丙三醇，能溶于热水、热醇和稀氢氧化钠水溶液中，在热水中随温度升高溶解度显著增加。因其最早在牛的尿囊分泌液中发现，故名为尿囊素。

尿囊素是一种重要的精细化工产品，被广泛应用于医药、农业和轻工等领域。在医药领域，可医治各种皮肤病，具有促进皮细胞组织生长，促使伤口愈合及镇痛作用。最新研究发现，尿囊素对骨髓炎、肝硬化、糖尿病及癌症都有一定的疗效。在轻化工方面，可直接或间接作为化妆品添加剂及其他日用化工品（如牙膏、香波、肥皂）的添加剂，具有润滑、保护组织、亲水、吸水和防止水分散失等作用。在农业方面，可作为植物生长激素，同时又是开发各种复合肥、微肥、长效肥或缓效肥及稀土肥料必不可少的原料。

天然尿囊素广泛存在于自然界中，但数量极为有限。目前，世界上尿囊素的总生产能力约5万吨/年，而全球每年潜在的市场需求量大约为15万～20万吨/年。但由于其生产原料、路线和工艺条件等因素的限制，尿囊素合成的产率一直很低，成本较高，国内总生产能力约1000t/a，而需求1万吨/年。

本实验的目的在于：

（1）通过实验，使学生了解目标合成物的基本性质、用途及需求现状。

（2）掌握尿囊素的合成方法，熟记合成实验中常用器具的名称并掌握它们的正确使用方法。

（3）增强学生的动手能力，提高学生的工程理论意识。

（4）了解生化产品的合成过程，培养独立的工作能力和科研开发能力。

二、实验原理

在尿囊素的工业合成方法中，国内外大多采用乙醛酸与尿素直接缩合，该工艺由于采用硝酸为催化剂，故而反应中有 NO、NO_2毒气逸出，而且具有对设备腐蚀严重，反应操作不易控制等缺点。

本文研究了以乙二醛为原料，经双氧水氧化，尿素缩合制取尿囊素的工艺路线。采用杂多酸-磷钨酸为氧化催化剂，不但克服了有毒气体逸出造成的环境污染、设备腐蚀等缺点，而且实现了工艺操作简便，尿囊素产率高，具有较高的工业应用前景。

尿囊素生产的工艺路线见图 7-1。

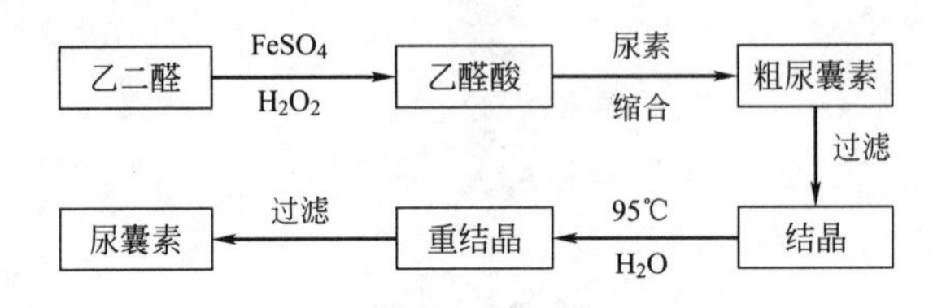

图 7-1　尿囊素制备的工艺流程图

三、实验的药品及仪器

30%乙二醛	分析纯	15mL	机械搅拌器	1套
30%H_2O_2	分析纯	10mL	电热套或电炉	1套
尿素(99.0%)	分析纯	10g	水浴锅	1个
磷钨酸	分析纯	0.03g	真空泵	1台
$FeSO_4$	分析纯	50g	元素分析仪	1台
三颈瓶	250mL	1只	微量熔点测定分析仪	1套
滴液漏斗	125mL	2个		
布氏漏斗	ϕ12.5mm	1个		
抽滤瓶	300mL	1个		
滤纸	ϕ12.5mm	8张		

四、操作步骤

（1）乙醛酸的合成　在反应釜（三口瓶）中加入 0.25mol 乙二醛（质量分数为 30%的乙二醛水溶液 15mL），置于 5～8℃水浴中，开启搅拌器，分别用两个滴液漏斗同时缓慢加入硫酸亚铁和双氧水（$FeSO_4$：饱和溶液 10mL；H_2O_2：0.275mol，即质量分数为 30%的H_2O_2溶液 10mL），控制药品滴加速度，保持反应温度在 5～8℃，药品在 1.5～2h 内滴加完毕，之后继续搅拌 0.5h。

（2）尿囊素的合成　直接在反应釜（三口瓶）中加入催化剂磷钨酸 0.03g，尿素 10g（分 2 次加完），在 75～80℃下，反应 2h；反应完毕后，将反应液冷却至室温，结晶出固体后过滤，收集白色沉淀；沉淀用蒸馏水（300～800mL）加热溶解至溶液透明；然后趁热过滤，滤除不溶杂质并收集滤液，滤液冷却结晶后过滤，得到白色结晶即为精制尿囊素。

第一步：

$$CHO—CHO+H_2O_2 \longrightarrow CHOCOOH+H_2O$$

$$CHO—CHO+2H_2O_2 \longrightarrow COOH—COOH+2H_2O \text{（副反应）}$$

第二步：

$$CHOCOOH+2CO(NH_2)_2 \longrightarrow C_4H_6O_3N_4+2H_2O$$

五、数据处理

（1）定性分析：状态，溶解性，熔点，元素分析，红外光谱，与标准光谱对照，光谱解析。

（2）以乙二醛计算尿囊素的产率。

六、预习与思考

（1）写出尿囊素的结构式。

（2）列举乙醛酸路线合成尿囊素的常用催化剂。

（3）工业乙醛酸中为何含有一定量的乙二醛和草酸？

（4）重结晶的原理是什么？

七、结果与讨论

（1）为什么采用30%的 H_2O_2 溶液氧化乙二醛制备乙醛酸？

（2）加入 $FeSO_4$ 饱和溶液的作用是什么？

（3）本实验的反应温度控制在5～8℃内，若反应温度较高或较低，会产生什么样的结果，对尿囊素的产率有何影响？

（4）尿囊素在水中溶解度较大，实验中是如何提高尿囊素精制收率的？

（5）尿囊素合成实验收率不高的原因主要有哪些？

（6）你对尿囊素合成实验有什么改进建议。

八、注意事项

（1）实验过程中注意温度的控制。

（2）注意通风，并佩戴相应的防护措施。

（3）实验结束后，请将废液倒回废液回收桶。

实验十五 苯丙共聚物的乳液聚合

一、实验目的

（1）掌握以苯乙烯、丙烯酸酯类为单体，针对目标产物进行聚合实验设计的基本原理。

（2）进行不同聚合机理、聚合方法的选择及确定。

二、实验原理

两种或两种以上的单体参加的聚合反应称为共聚。共聚是增加聚合物品种，改善聚合物性能的主要手段之一。两单体共聚时，由于两单体竞聚率乘积的不同聚合反应可分为理想共聚、交替共聚、非理想共聚和“嵌段”共聚。不同的共聚反应类型，共聚物组成的控制各有不同。对有恒比共聚点的体系，在恒比共聚点投料，控制转化率可合成出组成恒定的共聚乳液。根据要合成的共聚乳液的组成选择补加单体的投料方法也可合成出组成恒定的共聚乳液。苯乙烯和丙烯酸丁酯共聚60℃时 $r_1=0.698$，$r_2=0.164$。

苯乙烯、丙烯酸丁酯都是按照连锁聚合中的自由基聚合机理进行聚合的。聚合方法可根据需要采用本体聚合、溶液聚合、悬浮聚合和乳液聚合。

乳化剂浓度很低时，以单分子状态溶解于水中。随着浓度增加到CMC值后，开始形成胶束。在聚合过程中，胶束内有增溶的单体，引发与增长基本都在胶束中发生。体系中最终有多少乳胶粒主要取决于乳化剂和引发剂的种类和用量，当温度、单体浓度、引发剂浓度、乳化剂种类一定时，在一定范围内，乳化剂用量越多、反应速率越快，产物相对分子质量越大。

乳液聚合的优点是：一是聚合速率快、产物分子量高；二是由于使用水作介质，易于散热、温度容易控制；三是由于聚合形成稳定的乳液体系黏度不大，故可直接用于涂料、黏合剂、织物浸渍等。它的缺点是聚合物中常带有未洗净的乳化剂和电解质等杂质，从而影响成品的透明度、热稳定性、电性能等。

苯丙乳液是乳液聚合中研究较多的体系，也是当今世界有重要工业应用价值的十大非交联型乳液之一。苯丙乳液附着力好，胶膜透明，耐水、耐油、耐热、耐老化性能良好。苯丙乳液用作纸品胶黏剂，也可与淀粉、聚乙烯醇、羧甲基纤维素钠等胶黏剂配合使用，由于其较高的性价比，在胶黏剂、造纸施胶剂及涂料等领域应用广泛。随着造纸工业的发展，苯丙乳液在造纸工业及纸品加工中已成为不可缺少的工业用品，它大量地被用于纸浆添加剂、纸张浸渍剂及纸张涂层剂等，以提高纸的抗张强度、环压强度及抗水性等。丙烯酸酯的主链为饱和的碳碳链结构，侧链为极性基团，因而具有良好的耐氧化性和突出的耐油性，黏结力较强，而在链段中引入苯乙烯，则可以提高漆膜的耐水性和保色性，成本也会降低。在苯丙乳液中，苯乙烯为硬单体，而丙烯酸丁酯为软单体，随着二者比例的不同，其乳液的各项性能呈现出阶梯状的变化趋势，我们在实验中进行配方设计验证了这一点。

三、实验装置及主要试剂

实验装置如图7-2所示。

主要试剂有苯乙烯，已精制；丙烯酸丁酯，已精制；OP-10；十二烷基苯磺酸钠；去离子水。

主要装置有250mL三口瓶；冷凝管；量筒；烧杯；玻璃片；试管；恒温水浴；搅拌器；精密电子天平；烘箱；离心机。

四、操作步骤

目标产物：组成基本恒定的苯丙共聚乳液。

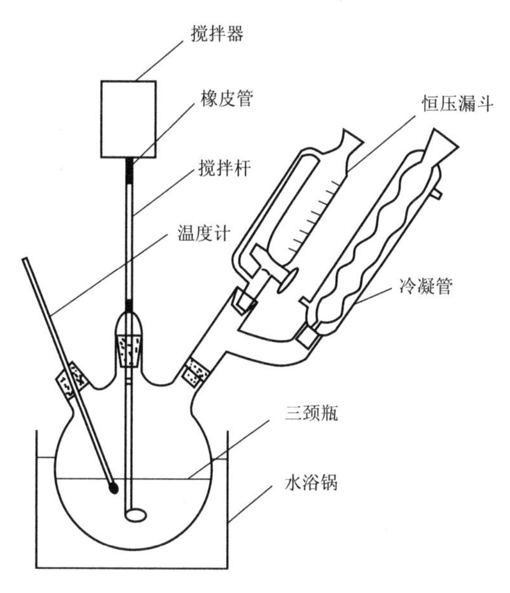

图 7-2　苯丙共聚乳液聚合实验装置

（1）聚合机理及聚合方法

① 聚合机理：自由基聚合，以苯乙烯-丙烯酸丁酯为混合单体，以过硫酸铵为引发剂，在 85℃附近聚合。

② 实施方法：乳液聚合。乳液聚合是指在搅拌下，非水溶性或低水溶性单体借助乳化剂作用分散成乳状液进行的聚合反应，得到的粒径一般在 10μm 以下。

（2）聚合配方

① 水单比 2∶1；

② 引发剂为单体质量的 0.2%～0.3%；

③ 乳化剂为单体质量的 2%～3%。

（3）聚合工艺

① 反应温度：75～80℃；

② 反应时间：3h。

五、预习与思考

（1）写出共聚物结构示意图。

（2）确定聚合机理及聚合方法，写出聚合反应的基元反应。

（3）确定聚合反应类型，计算出具体配方（去离子水用量为 30mL）。

（4）确定工艺流程，并写出实验步骤。

六、结果与讨论

（1）乳液外观　将 3mL 乳液置于试管中，目测乳液颜色、均一性、透明度，有无分层、有无沉淀；将乳液涂在玻璃板上，目测检查有无粒子和异物（试管中的乳液可直接用于稀释稳定性测定）。

（2）稀释稳定性　在试管中加入 3mL 乳液，边搅拌边加入 10mL 去离子水，放置 24h 后，观察是否分层或破乳。

（3）钙离子稳定性　在试管中加入 3mL 乳液，滴加 0.5%的 $CaCl_2$溶液，直至破乳，记录 $CaCl_2$溶液用量。或在 3mL 乳液中加 1mL 0.5%的 $CaCl_2$溶液静置 24～48h，若不分层为合格。

（4）乳液固含量测定　将洁净干燥的培养皿在 115～120℃恒重后，降至室温，准确称重。加入 2g 左右的乳液（准确至 0.0001g），加热 2h 恒重后，降至室温，准确称重。计算乳液的固含量。

固含量计算公式为：

$$G=\frac{m_3-m_1}{m_2-m_1}\times 100\%$$

式中　G——固含量，%；

m_1——空培养皿质量，g；

m_2——干燥前培养皿和乳液的总质量，g；

m_3——干燥后培养皿和乳液的总质量，g。

（5）乳液成膜性和胶膜吸水率测定　将洁净干燥的载玻片在 80℃恒重后，用玻璃棒将乳液涂覆在载玻片上，室温下成膜，观察其成膜性。

在烘箱中烘干后降至室温后称重，再将附有涂膜的载玻片置于水中浸泡 24h，取出后用滤纸吸干表面的水分后称量。

涂膜吸水率计算公式为：

$$S=\frac{m_2-m_0}{m_1-m_0}\times 100\%$$

式中　S——涂膜的吸水率，%；

m_0——载玻片的质量，g；

m_1——干燥后的涂膜和载玻片的总质量，g；

m_2——吸水后的涂膜和载玻片的总质量，g。

（6）胶膜耐水性测定　在洁净干燥的载玻片上均匀涂一层乳液，放到烘箱中烘干。在已干透的胶膜上滴 1 滴去离子水，观察胶膜滴水后白浊化的时间。

乳液性能表见表 7-1。

表 7-1　乳液性能表

序号	乳液检测项目	测试结果
1	外观	
2	稀释稳定性	
3	钙离子稳定性	
4	固含量/%	
5	乳液成膜性	
	胶膜吸水率/%	
6	胶膜耐水性/s	

七、注意事项

（1）注意加料顺序，应当先加乳化剂后再投料，使之充分乳化，但搅拌速度不要太快，以免产生大量泡沫。必须使乳化剂充分溶解至体系透明后，再开始反应。

（2）单体加入后，搅拌速度适当加快，单体充分乳化后，再加引发剂，最后升高温度。

（3）注意滴加顺序，不能太快，否则因两种单体的活性不同，不易得到均匀的结构片段。

（4）实验完毕后，随即拆卸实验装置，将所有玻璃接头、接口拆卸，以防被粘住。拆卸后用洗衣粉、自来水将仪器洗净。

（5）称量单体时应当在通风橱中进行操作，注意不要将单体、试剂溅在皮肤上（配料时应戴乳胶手套）。若已溅上，立即用洗衣粉、水洗净。

（6）实验过程中，注意通风，并佩戴相应的防护用品。

（7）实验结束后，请将废液倒回至废液桶。

实验十六
低分子量环氧树脂的合成

一、实验目的

（1）掌握双酚 A 型环氧树脂的反应机理和制备方法；

（2）通过浇铸实验和黏结实验，了解环氧型黏合剂的固化机理和应用；

（3）了解环氧树脂的性能及应用情况。

二、实验原理

环氧树脂是高分子主链上含有 2 个或以上环氧基的一类聚合物，同时含有醚键和仲羟基。分子量范围一般为 300～700，它的种类很多，但以双酚 A 型环氧树脂产量最大，用途最广，有通用环氧树脂之称。

双酚 A 型环氧树脂是由双酚 A 与过量的环氧氯丙烷经碱催化聚合而成。关于其合成反应的机理，说法众多，一般认为属于缩聚反应。大分子链通过多次的重复开环、闭环反应逐步地增长起来。

$$\underset{O}{\triangle}\!-CH_2Cl + HO-C_6H_4-C(CH_3)_2-C_6H_4-OH \xrightarrow{NaOH}$$

$$\underset{O}{\triangle}\!-CH_2\left[-O-C_6H_4-C(CH_3)_2-C_6H_4-O-CH_2-\underset{OH}{CH}-CH_2-\right]_n O-$$

$$-C_6H_4-C(CH_3)_2-C_6H_4-O-CH_2-\underbrace{CH-CH_2}_{O} + H_2O$$

原料配比不同、反应条件不同（如反应介质、温度和加料顺序），可制得不同软化点、不同分子量的环氧树脂。工业上将软化点低于 50℃（平均聚合度小于 2）的称为低分子量树脂或软树脂：软化点在50～95℃之间（平均聚合度在2～5之间）的称为中等分子量树脂；软化点高于100℃（平均聚合度大于5）的称为高分子量树脂。

环氧树脂在没有固化前为热塑性的线形结构，强度低，使用时必须加入固化剂。固化剂与环氧基团反应，从而形成交联的网状结构，成为不溶不熔的热固性制品，具有良好的机械性能和尺寸稳定性。环氧树脂的固化剂种类很多，不同的固化剂，相应的交联反应也不同。常用的主要有2大类。第1类为胺固化剂，此类固化剂又可分为：

① 脂肪族胺类：乙二胺、丙二胺、二亚乙基三胺、三亚乙基四胺、多亚乙基多胺等，由于这类固化剂反应活性较大，能在室温下反应，故通常称为室温固化剂；

② 芳香族胺类：如苯胺及其衍生物等，常在加热下固化。

第2类为酸酐类固化剂，如顺丁烯二酸酐、苯酐、均苯四酐等，一般需在较高的温度下固化，故需加热固化。环氧树脂的固化是通过固化剂的活性官能团与环氧预聚物的活性官能团之间的进一步反应形成体型网状交联结构而实现的。

胺类固化剂的用量可用下式计算：

$$G=(M/H)E\text{（注意：100g 的用量）}$$

式中，G 为100g树脂所需胺固化剂的质量；M 为胺的分子量；H 为胺分子中活泼氢原子总数；E 为树脂的环氧值（100g树脂中所含环氧基的物质的量）。

使用何种固化剂，以及固化剂的用量，固化条件的选择等，应根据环氧树脂的使用场合及性能要求而定，常常需要通过小试来确定。

环氧树脂中含有羟基、醚键和极为活泼的环氧基团，这些高极性的基团，使环氧树脂与相邻材料的界面形成化学键，因此环氧树脂具有很强的黏合力。环氧树脂的抗化学腐蚀性、力学和电性能都很好，对许多不同的材料具有突出的黏合力。它的使用范围为90～130℃。可以通过单体、添加剂和固化剂等的选择组合，生产出适合各种需求的产品。环氧树脂的应用可大致分为涂覆和结构材料两大类。涂覆材料包括各种涂料，如汽车、仪器设备的底漆等。水性环氧树脂涂料用于啤酒和饮料罐的涂覆。结构复合材料主要用于导弹外套，飞机的舵及折翼，油、气和化学品输送管道等。层压制品用于电气和电子工业，如线路板基材和半导体器件的封装材料。此外，它还是用途广泛的黏合剂，有“万能胶”之称。

本实验以环氧氯丙烷与双酚A作为原料制备环氧树脂，并测试它的黏合性能。

三、实验药品及仪器

药品：双酚A，环氧氯丙烷，NaOH溶液，苯，蒸馏水，乙二胺；

仪器：三口烧瓶，冷凝管，搅拌器，减压蒸馏装置，玻璃棒，马口铁片，载玻片。

四、操作步骤

（1）在装有搅拌器、温度计、回流冷凝管的三口烧瓶中加入7.5g双酚A和10.0g环氧氯丙烷。搅拌并加热至双酚A溶解完全。

（2）当温度升到50℃时，从滴液漏斗滴加NaOH溶液（将6.0g氢氧化钠溶于14.0mL蒸馏水），滴加氢氧化钠溶液时要均匀，保持温度在50～60℃下于40min左右加完。继续保温反应1.5～2h，此时液体呈乳黄色。停止反应，冷却至室温后，加入12.5mL蒸馏水和25.0mL苯，搅拌使树脂溶解后倒入分液漏斗中，静置，分去废水（注意：应分去哪一层），再用水洗几次，直到洗涤水中呈中性（用pH试纸检查）为止。

（3）洗涤后的产品进行蒸馏，脱去溶剂苯和水分，蒸馏操作可在三口瓶中直接进行，蒸馏至无馏出物时结束（控制蒸馏最终温度为120℃），得黄色透明黏稠树脂。

（4）环氧树脂的制备　称取2.0g环氧树脂，加入乙二胺1.5g，用玻璃棒调和均匀。注入一次性聚乙烯塑料杯中，室温放置待其固化，观察其外观。

五、预习与思考

（1）用化学方程式描述环氧树脂的合成机理。

（2）讨论合成低分子量环氧树脂的工艺条件（就环氧氯丙烷/双酚A、NaOH溶液的用量及加料顺序，合成反应温度等因素进行讨论）。

（3）讨论环氧树脂的固化及固化机理。

（4）从结构上分析环氧树脂为何具有优异的黏结性能。

六、结果与讨论

环氧树脂的黏合对象很多，适用于钢、铝、铜等金属材料及玻璃、木材等许多非金属材料的粘接。本实验以马口铁片和载玻片为例，固化剂为乙二胺。

固化剂用量与固化条件如下：

固化剂	固化剂/环氧树脂/%	固化条件
乙二胺	10	室温

马口铁片的处理：

① 每组取4块马口铁片先进行处理，用砂纸打磨至氧化层除去，用丙酮擦除干净，干燥。

② 在小烧杯内称取树脂2g及相当量的固化剂，用玻璃棒搅匀取少量涂于试片两端，压紧，马口铁片用长尾夹固定。

③ 分别置于室温下和60℃固化30min，观察其黏结效果。

载玻片的处理：

① 每组取4个载玻片用蒸馏水冲洗后，用丙酮擦除干净，干燥。

② 在小烧杯内称取树脂2g及相当量的固化剂，用玻璃棒搅匀取少量涂于试片两端，压紧，载玻片用长尾夹固定。

③ 分别置于室温下和60℃固化30min，观察其黏结效果。

七、注意事项

（1）环氧氯丙烷发生中毒时，有眼睛刺痛、结膜炎、鼻炎、流泪、咳嗽、疲倦、胃肠紊乱、恶心等症状。严重中毒时，可引起麻醉症状，甚至引起肺、肝、肾的损伤。人体吸入MLC 0.00002。大鼠经口LD_{50}为90mg/kg。空气中最大容许浓度18mg/m^3。生产设备要密闭，空气要流通，操作人员要佩戴防护用具。此外，环氧氯丙烷有激烈的自聚趋向，不应在明火中加热，以防容器爆裂。在用作试剂进行反应时，宜以惰性溶剂稀释，并缓缓加入。环氧氯丙烷有中等程度燃烧危险，燃烧后释放出氯化氢、光气和一氧化碳，危险品规程编号为62008，属二级易燃液体。

（2）开始滴加要慢些，环氧氯丙烷开环是放热反应，反应液温度会自动升高。

（3）分液漏斗使用前应检查盖子和塞子是否原配，活塞要涂上凡士林，使用时振摇几下后需放气。滴加氢氧化钠溶液时要均匀，如有白色产生较多，暂停氢氧化钠的滴加，搅拌加快，使完全搅开，继续滴加氢氧化钠。

（4）温度要控制好：温度的变化会影响到分子量。

（5）实验过程中，注意通风，并佩戴相应的防护用品。

（6）实验结束后，请将废液收回废液桶。

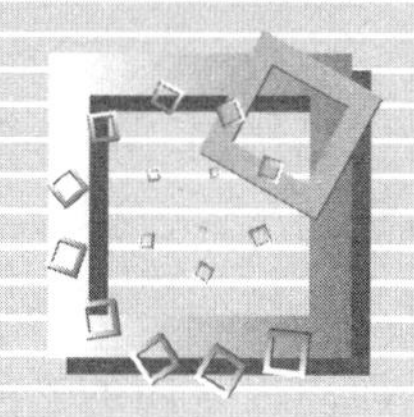

第八章　化工中试及仿真实验

实验十七　装置实训及仿真实验

第一部分　乙酸乙酯生产仿真指导书

一、软件背景

虚拟现实技术是近年来出现的高新技术，也称灵境技术或人工环境。虚拟现实是利用电脑模拟产生一个三维空间的虚拟世界，提供使用者关于视觉、听觉等感官的模拟，让使用者如同身临其境一般，可以及时、没有限制地观察三维空间内的事物。

虚拟现实技术的应用正对操作人员培训进行着一场前所未有的革命。虚拟现实技术的引入，将使企业、学校进行员工、学生培训的手段和思想发生质的飞跃，更加符合社会发展的需要。虚拟现实应用于培训领域是教育技术发展的一个飞跃。它营造了“自主学习”的环境，由传统的“以教促学”的学习方式代之为学习者通过自身与信息环境的相互作用来得到知识、技能的新型学习方式。

虚拟现实已经被世界上越来越多的大型企业学校广泛地应用到职业教学培训当中，对企业及学校提高培训效率，提供员工及学生分析、处理能力，减少决策失误，降低企业及学校风险起到了重要的作用。利用虚拟现实技术建立起来的虚拟实训基地，其“设备”与“部件”多是虚拟的，可以根据需要随时生成新的设备。培训内容可以不断更新，使实践训练及时跟上技术的发展。同时，虚拟现实的交互性，使学员能够在虚拟的学习环境中扮演一个角色，全身心地投入到学习环境中去，这非常有利于学员的技能训练。由于虚拟的训练系统无任何危险，学员可以反复练习，直至掌握操作技能为止。

二、乙酸乙酯工艺流程简介

(一) 工艺原理

乙酸乙酯是乙酸的一种重要下游产品，具有优异的溶解性、快干性，在工业中主要用作生产涂料、黏合剂、乙基纤维素、人造革以及人造纤维等的溶剂，作为提取剂用于医药、有机酸等产品的生产，用途十分广泛。

乙酸乙酯综合生产实训装置是石油化工企业酯类产品制备的重要装置之一，其工艺主要有三类：即国内常用的乙酸乙酯直接酯化法，欧美常用的乙醛缩合法以及乙醇一步法（仅有少量报道）。本装置选用乙酸乙酯直接酯化法，其反应原理为：

$$CH_3COOH + C_2H_5OH \xrightarrow[\text{加热}]{\text{催化剂}} CH_3COOC_2H_5 + H_2O$$

本装置以乙酸乙酯直接酯化法工艺为基础，以乙醇、乙酸为原料，磷钼酸为催化剂，由乙酸乙酯反应和产品分离两部分组成的生产过程实训操作。反应工段以反应釜、中和釜双釜系统为主体，配套有原料罐、反应釜蒸馏柱、反应釜冷凝器、轻相罐、重相罐等设备；产品分离工段以萃取精馏（筛板塔）分离乙酸乙酯和萃取剂分离提纯（填料塔）为主体，配套有冷凝器、产品罐、残液灌等设备。使学生了解釜式反应器的工艺、萃取精馏的原理，掌握各单元操作的原理，熟悉工厂操作步骤，具备一定的实践动手经验，强化理论与实践的结合，提高其综合能力。

（二）装置流程说明

（1）常压流程　原料乙酸和乙醇按比例分别加到乙酸原料罐 V102、乙醇原料罐 V103 后，分别由乙酸原料泵 P102、乙醇原料泵 P103 送入反应釜 R101 内，再加入催化剂，搅拌混合均匀后，加热进行液相酯化反应。从反应釜出来的气相物料，先经蒸馏柱 E101 粗分，再进入冷凝器 E102 管程与水换热冷凝，然后进入冷凝液罐 V104。V104 冷凝液罐中的液体出料分为两路：一路回流至反应釜 R101；一路直接进入中和釜 R102 内。反应一定时间后，当 ZI101 的显示为 76 时，关闭回流，停止 R101 加热，开 R101 夹套冷却水，将反应产物粗乙酸乙酯出料到中和釜 R102。向中和釜 R102 内加入碱性中和液，将粗乙酸乙酯处理至中性后，并静置油水分层 15min 左右。然后用中和釜进料泵 P104 先把水相（重组分相）送入重相罐 V107，待视盅内基本无重组分时，再把油相（轻组分相）经中和釜进料泵 P104 输送到轻相罐 V106。

轻相罐 V106 内的粗乙酸乙酯由筛板塔进料泵 P106 打入筛板精馏塔 T102，与萃取剂混合并进行萃取精馏分离。从筛板精馏塔 T102 塔顶出来的精乙酸乙酯进入冷凝器 E103 管程与水换热冷凝后，到筛板塔冷凝罐 V109。冷凝罐 V109 中的冷凝液一部分回流至筛板精馏塔 T102，另一部分作为成品到筛板塔产品罐 V110。粗酯中的水分、乙醇被萃取剂萃取，经塔釜进入筛板精馏塔残液罐 V111。

筛板塔残液罐 V111 内的混合液体，经填料塔进料泵 P109 打入填料精馏塔 T103 内进行精馏，回收萃取剂和溶于其中未反应的原料乙醇。塔顶出来的乙醇和水蒸气进入填料塔冷凝器 E104 与水换热冷凝后，到填料塔冷凝罐 V113，一部分回流至填料精馏塔 T102，一部分到填料塔产品罐 V114 可收集补充原料乙醇或排放；从塔釜出来的残液萃取剂乙二醇到达填料塔残液罐 V115，由萃取剂泵 P108 将乙二醇送至筛板精馏塔 T102 循环使用或排放。

（2）真空流程　本装置配置了真空流程，主物料流程与常压流程相同。在反应釜冷凝罐 V104、中和釜 R102、筛板塔冷凝液罐 V109、筛板塔产品罐 V110、筛板塔残液罐 V111、填料塔冷凝罐 V113、填料塔产品槽 V114、填料塔残液槽 V115 均设置抽真空阀，被抽出的系统物料气体经真空总管进入真空缓冲罐 V108，然后由真空泵 P105 抽出放空。

（3）萃取剂流程　萃取剂乙二醇加入萃取剂罐 V112 后，由萃取液泵 P108 将乙二醇打入筛板精馏塔 T102。残液中的乙二醇随塔釜残液进入筛板塔残液罐 V111，由填料塔进料泵 P109 打入填料精馏塔 T103，经精馏分离后，乙二醇作为填料精馏塔的残液排至填料塔残液罐 V115，用萃取剂泵 P108 将乙二醇送至筛板精馏塔 T102 循环使用。

（三）设备列表

序号	设备位号	设备名称	序号	设备位号	设备名称
1	R101	反应釜	17	T103	填料精馏塔
2	R102	中和釜	18	V101	冷却水箱
3	P101	冷却水泵	19	V108	真空缓冲罐
4	P102	乙酸原料泵	20	V102	乙酸原料罐
5	P103	乙醇原料泵	21	V103	乙醇原料罐
6	P104	中和釜出料泵	22	V104	反应釜冷凝罐
7	P108	萃取剂泵	23	V105	中和液罐
8	P106	筛板塔进料泵	24	V106	轻相罐
9	P109	填料塔进料泵	25	V107	重相罐
10	P107	筛板塔塔回流泵	26	E103	筛板塔冷凝罐
11	P105	真空泵	27	E104	填料塔冷凝罐
12	E101	反应釜蒸馏柱	28	V109	筛板塔产品罐
13	E102	反应釜冷凝器	29	V113	填料塔产品罐
14	E103	筛板塔冷凝器	30	V112	萃取剂罐
15	E104	填料塔冷凝器	31	V111	筛板塔残液罐
16	T102	筛板精馏塔	32	V115	填料塔残液罐

（四）工艺卡片

控制参数	项目及位号	正常指标	单位
冷搅拌时间	反应物料冷搅拌时间	5	min
	中和反应搅拌时间	10	min
温度控制	反应釜内温度(TI101)	80	℃
	反应釜夹套温度(TIC103)	120	℃
	中和釜反应温度(TI105)	25	℃
	筛板塔塔顶温度(TI114)	75	℃
	筛板塔塔釜温度(TIC109)	105	℃
	填料塔塔顶温度(TI120)	100	℃
	填料塔塔釜温度(TIC118)	120	℃

续表

控制参数	项目及位号	正常指标	单位
流量控制	乙醇进料流量(PIC1001)	30	L/h
	乙酸进料流量(LI1016)	30	L/h
	筛板塔进料流量(AI1004)	4～8	L/h
	填料塔进料流量(TIC1003)	6	L/h
	筛板塔塔顶回流流量(TI1099)	900～1100	L/h
	筛板塔塔底出料流量(FIC1002)	1.25	L/h
	填料塔塔底出料流量	11.352	L/h
液位控制	乙酸原料罐液位(FIC1015)	50	%
	乙醇原料罐液位(FIC1016)	50	%
	筛板塔塔釜液位	50	%
	填料塔塔釜液位	50	%
压力控制	筛板塔塔顶压力	2	kPa
	填料塔塔顶压力	2	kPa

(五) 复杂控制说明

(1) 反应釜温度串级调节控制

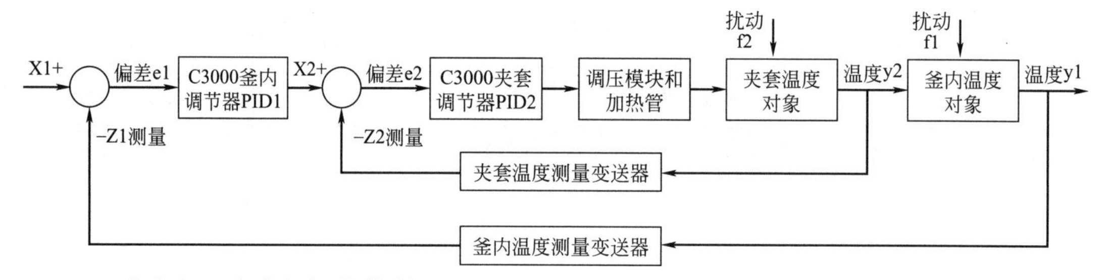

(2) 中和釜温度串级调节控制

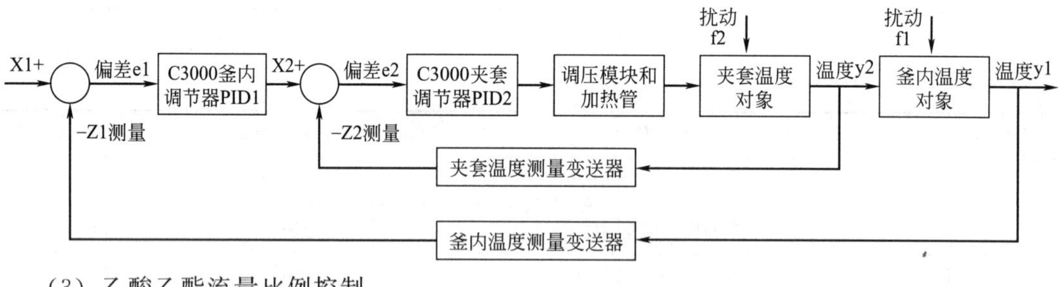

(3) 乙酸乙酯流量比例控制

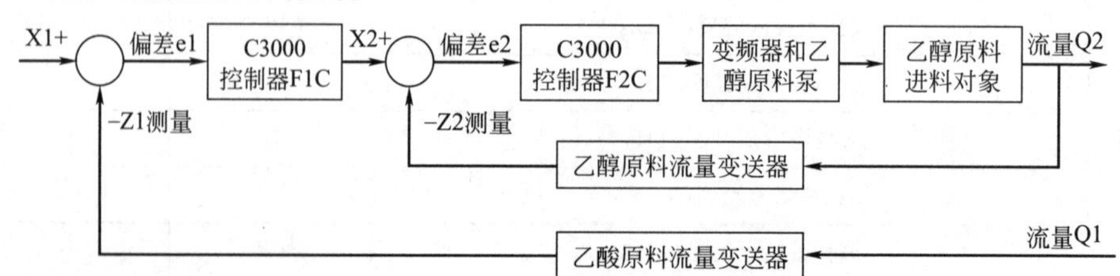

(4) 筛板塔塔釜温度控制

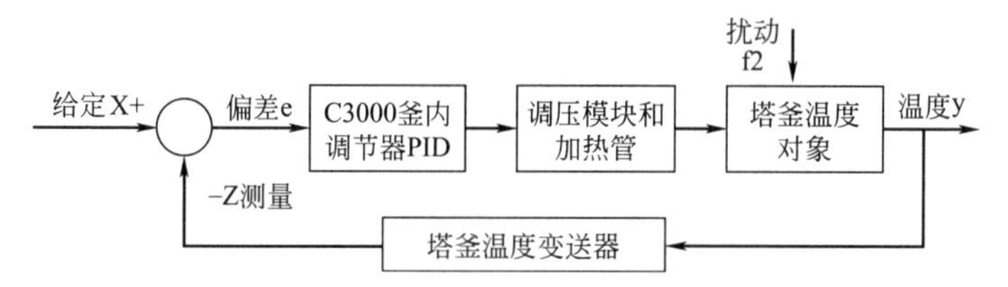

（5）筛板塔残液罐液位控制

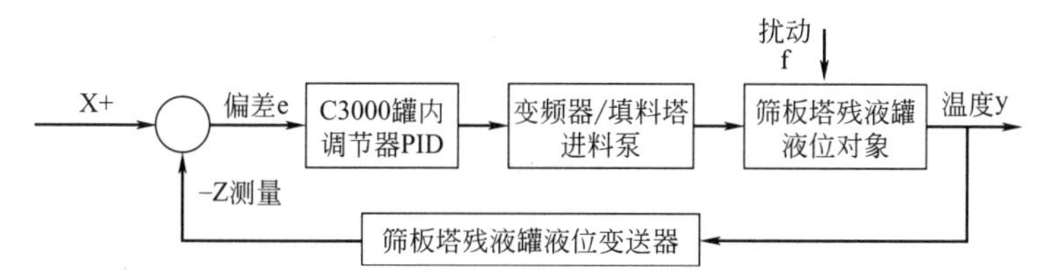

（6）筛板塔塔顶温度控制

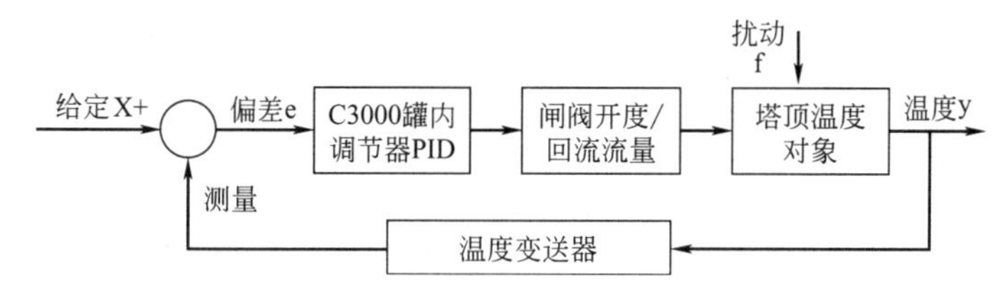

（六）操作规程

1. 冷态开车

（1）反应釜操作

① 确保 V101 的液位在 30%～70%之间，打开 P101 的前阀 VA081，启动泵 P101，打开泵后阀 VA082，确保公用工程开车完成。

② 确认原料罐底部排污阀关闭，打开原料罐放空阀（VA002、VA009），将准备好的乙酸、乙醇溶液通过原料罐进料阀 VA001、VA008 加入到原料罐，到其容积 2/3 处，加料完成后，关进料阀 VA001、VA008，关小放空阀（VA002、VA009）。

③ 开启原料罐出料阀（VA004、VA011），启动乙酸原料泵 P102、乙醇原料泵 P103，开启泵的回流阀（VA005、VA012）及泵的出口阀（VA006、VA013）。

④ 启动电机 M1，并设定其转速为 100r/min。

⑤ 按乙醇、乙酸两者体积比为 2：1 将原料加入反应釜 R101 内，乙酸达到 5L，乙醇 10L。

注意：加料过程和反应过程中都要关注系统内压力变化，一旦超压应及时稍开反应釜冷凝罐 V104 放空阀卸压，卸压完毕务必及时关闭放空阀，以免系统内漏入空气。

⑥ 关阀门 VA006、VA013、VA005、VA012，停进料泵 P102、P103，关闭阀门 VA004、VA011。

⑦ 打开反应釜加料漏斗阀门（VA016），用少量的乙醇溶解 132g 磷钼酸加入到反应釜约 0.1L。关闭加料阀门，防止加料时系统内漏入空气。

确认反应釜夹套内的导热油已加到规定液位，开启反应釜冷凝液 V104 放空阀（VA093），排出不凝气后关闭此阀门。

⑧ 启动夹套油浴的加热系统开始加热，观察夹套和反应釜内温度。

当 R101 物料的温度高于 50℃时，全开 VA085，待冷凝柱回流时间大于 7min 后，全开

VA086，关闭 VA085。

调节夹套加热功率，控制夹套温度在 115～125℃、反应釜内温度 75～82℃。去操作面板启动搅拌机，转速设为 100r/min。

注意：加热系统的开度过大，则反应釜的蒸发量过大，会引起系统压力上升过快。

⑨ 调节 VA019 的开度 OP，使 V104 的液位在 50%以上。

⑩ 保持全回流反应 3h。取样分析确认反应是否完全，当 ZI101 的显示值达到 76.9%左右时，反应完全。

⑪ 关闭阀门 VA019，等待反应器中的物料冷凝到 V104 中完全。

⑫ 最后开启反应釜冷却水进口阀门 VA084，将夹套内的导热油降温，使反应釜内物料快速降到室温。

（2）中和釜操作

① 关闭碱液罐 V105 出料阀 VA039、碱液罐 V105 排污阀 VA040，打开碱液罐 V105 放空阀 VA041，打开碱液罐 V105 加料阀 VA042，向碱液罐内加入配好的饱和碳酸钠溶液，到其液位的 2/3 左右，关闭加料阀 VA042。

② 打开中和釜 R102 放空阀 VA024，打开 V104 出料阀 VA020，VA022 向中和釜加入反应物料，当 V104 的液位为 0 后，关闭 VA020 和 VA022，同时打开碱液罐 V105 出料阀 VA039，向中和釜内加入适量的饱和碳酸钠溶液，直到中和剂显示的量为 4L 时，关闭阀门 VA039。

③ 启动中和釜搅拌系统，搅拌约 10min 后，停止搅拌。静置 10～30min，通过中和釜出口取样分析中和情况，产品合格，进入下步操作。

④ 观察中和釜下视盅内的液位，出现明显分层时，稍开中和釜出料阀 VA025、重相罐进料阀 VA033，启动中和釜出料泵 P104，将重相液打入重相罐 V107。待视盅内轻重相的分界线刚好消失时（下层液位显示为 0），关闭重相进料阀 VA033，打开轻相进料阀 VA029，将轻相液打入轻相罐 V106，至视盅内无明显液位（上层液位显示为 0）关闭阀门 VA029。停泵 P104，关闭阀门 VA025。

（3）筛板塔萃取精馏操作

① 确认关闭萃取剂罐出料阀 VA064、排污阀 VA066，打开萃取剂罐 V112 放空阀 VA065 和进料阀 VA063，向萃取剂罐 V112 内加入乙二醇，至其液位的 2/3 处左右，关萃取剂罐 V112 进料阀 VA063。

② 打开阀门 VA064，启动萃取液泵 P108，打开阀门 VA061、VA062、VA067，FIC118 向筛板塔 T101 进萃取剂，到筛板塔塔釜液位的 2/3 左右。

③ 打开筛板塔出料阀 VA053 至筛板塔残液灌有 1/3 左右液位时，关闭萃取剂泵 P108 出料阀 VA062，停萃取剂泵 P108，关闭萃取剂罐出料阀 VA064。

④ 打开筛板塔出料阀 VA056，启动填料塔进料泵 P109，打开填料塔进料泵 P109 回流阀 VA057、填料塔进料泵出口阀 VA059、转换阀 VA068，调节填料塔进料泵出口流量，控制筛板塔液位情况到其正常液位。

⑤ 启动筛板塔塔釜加热系统，在 DCS 上手动控制加热功率，使系统缓慢升温。

⑥ 确认关闭筛板塔冷凝罐 V109 出料阀（VA047）、取样阀（VA048 和 VA049），当筛板塔塔顶温度接近 60℃时，打开筛板塔冷凝器 E103 进冷却水阀（VA087）。

⑦ 当筛板塔 T101 塔釜缓慢升温到 90～110℃。注意观察各塔节和塔顶温度，当塔顶温

度≥80℃，且稳定一段时间后可以准备投料。

⑧ 开启轻相罐 V106 出料阀（VA032），在控制柜上启动筛板塔进料泵 P106，打开筛板塔进料口阀门（VA044）、开启筛板塔进料泵回流阀（VA037），调节进料流量。

⑨ 当观察到筛板冷凝罐 V111 液位计指示为 1/3 时，开筛板塔冷凝罐出料阀（VA047），在控制柜上启动筛板塔回流泵 P107，通过筛板塔回流阀 VA050 调节回流流量，控制塔顶温度。当产品符合要求时，可转入连续精馏操作，通过调节产品流量控制塔顶冷凝液槽液位。

⑩ 当塔釜液位开始下降时，可启动筛板塔进料泵 P106，将原料打入筛板塔内；当塔釜液位高于正常液位时，调节塔釜排残液阀 VA053 的开度，控制塔釜液位稳定。

⑪ 调整精馏系统各工艺参数稳定，建立塔内平衡体系。

⑫ 待塔顶温度明显上升时，关筛板塔冷凝罐 V109 出料阀（VA047）、筛板塔回流流量调节阀 VA050 和筛板塔产品流量调节阀 VA051，在控制柜上停筛板塔回流泵 P107。

⑬ 在 DCS 上手动将筛板塔加热功率变为 0，在控制柜上停筛板塔塔釜加热开关，等到筛板塔内温度冷却至 60℃左右时，关闭筛板塔冷凝器进水阀 VA087。

⑭ 开启筛板塔塔釜排污阀（VA054），将残液全部排放到残液罐 V111 内。

（4）填料塔精馏操作

① 当筛板塔残液罐 V111 液位达到 1/2 以上时，需用填料塔将残液进行精馏分离。

② 打开残液罐 V111 出料阀（VA056）、填料塔进料泵回流阀 VA057、填料塔进料泵出口阀 VA059 和填料塔塔釜进料阀 VA071，启动填料塔进料泵 P109，向填料塔 T103 进料。

③ 当填料塔塔釜液位达到 2/3 左右时，在控制柜上打开填料塔加热开关，在 DCS 上手动控制加热功率约 20%，使填料塔塔釜缓慢升温到 120～150℃，塔顶温度为 80～100℃。

④ 当填料塔顶温度接近 60℃时，打开填料塔冷凝器进水阀（VA088），调节此阀门的开度，控制冷凝液温度。

⑤ 当填料塔冷凝罐 V113 有 1/3 左右液位时，打开填料塔冷凝罐 V113 出料（VA075）和填料塔回流流量调节阀 VA078，在控制柜上启动填料塔回流泵 P110，通过调节回流泵（P110）出口阀（VA078）的开度调节回流流量，控制塔顶温度。当产品符合要求时，可转入连续精馏操作，通过调节产品流量控制塔顶冷凝液槽液位。

⑥ 当塔釜液位开始下降时，可启动筛板塔进料泵 P106，将原料打入筛板塔内；当塔釜液位高于正常液位时，调节塔釜排残液阀 VA053 的开度，控制塔釜液位稳定。

⑦ 调整精馏系统各工艺参数稳定，建立塔内平衡体系。

⑧ 当筛板塔残液罐 V111 中物料抽空后，关筛板塔出料阀（VA053），停填料塔进料泵 P109，关填料塔进料泵出口阀 VA059、填料塔釜进料阀 VA071。

⑨ 当塔顶温度明显上升时，关闭填料塔冷凝罐 V113 出料阀（VA075）和填料塔回流流量调节阀 VA078，在控制柜上停填料塔回流泵 P110，关填料塔产品流量调节阀 VA111。

⑩ 在 DCS 上手动将填料塔（T103）加热功率变为 0，在控制柜上停填料塔塔釜加热开关，等到填料塔（T103）冷却至 60℃左右时，停填料塔冷凝器（E104）进冷却水阀 VA088。

⑪ 打开填料塔残液罐放空阀（VA103），开填料塔塔釜排污阀（VA073），将回收的乙二醇排入填料塔残液罐 V114。

2. 减压精馏操作

乙酸乙酯反应体系，其各物料的沸点均较低，通常不需要使用真空系统。当实验体系是沸点较高的物质时，可以采用减压精馏来分离、提纯产品。减压精馏可按以下步骤操作：

（1）要先对系统进行抽真空操作，具体操作步骤如下：

① 确认关闭阀门 VA089、VA092、VA091，打开阀门 VA090，启动真空泵 P105，当缓冲罐真空度达到 0.04MPa 时，关闭阀门（VA090）。

② 当缓冲罐真空度达到 0.04MPa 后，确认系统所有阀门处于关闭状态，缓开真空缓冲罐进气阀 VA091 和反应釜冷凝罐 V104 抽真空阀 VA094、中和釜抽真空阀 VA095、筛板塔冷凝罐 V109 抽真空阀 VA096、筛板塔产品罐 V110 抽真空阀 VA099、筛板塔残液罐 V111 抽真空阀 VA097、填料塔冷凝罐 V113 抽真空阀 VA105、填料塔产品罐 V114 抽真空阀 VA106、填料塔残液罐 V115 抽真空阀 VA102。

③ 当系统真空达到 0.02～0.04MPa 时，关真空缓冲罐抽真空阀（VA090），停真空泵。

注意：真空泵的操作为间歇式，当系统真空度低于所需真空度时，再次打开阀门 VA090，重复步骤①～③，启动真空泵对系统抽真空。

④ 将准备好的乙酸、乙醇溶液通过原料罐进料阀 VA001、VA008 加入到原料罐，到其容积 2/3 处，加料完成后，关进料阀 VA001、VA008。

（2）其他操作步骤与常压操作相同。

注意：随着真空度的提高，介质的沸点将下降，在进行真空操作的初期，切记操作要平缓，防止暴沸现象的发生。

3. 停车

（1）常压筛板精馏停车

① 停止塔釜加热系统，关闭 TIC109 的 OP 开度，打开放空阀门 VA046，泄压。

② 系统停止加料，停进料泵 P111，关闭进料泵进口阀 VA032，关闭进料泵出口阀 VA044。

③ 当塔顶温度下降至 70℃以下时，无冷凝液馏出后，停泵 P112 和 P113。关闭塔顶冷凝器进冷却水阀 VA087。

④ 当塔底物料冷却到 65℃以下后，关闭阀门 VA067，关闭阀门 VA068，关闭泵 P109 的后阀 VA059，LIC111 的 OP 开度置为 0，停泵 P109，关闭泵前阀 VA056。打开精馏塔塔底排污阀 VA052 和残液罐排污阀 VA055，放出塔釜和残液罐内物料。

⑤ 停控制台、仪表盘电源。

⑥ 做好操作记录。

（2）常压填料精馏塔停车

① 停止塔釜加热系统，关闭 TIC118 的 OP 开度，打开放空阀门 VA109，泄压。

② 系统停止加料，停进料泵 P109，关闭填料塔进料泵出口阀 VA059 和填料塔塔釜进料阀 VA071。

③ 当塔顶温度下降至 50℃以下时，无冷凝液馏出后，关闭塔顶冷凝器进冷却水阀 VA088，停公用冷却水系统，关闭阀门 VA082，停泵 P101，关闭阀门 VA081。

④ 当塔底物料冷却到 40℃以下后，打开精馏塔塔底排污阀 VA074 和残液罐排污阀 VA104，放出塔釜和残液罐内物料。

⑤ 停控制台、仪表盘电源。

⑥ 做好操作记录。实验结束时一定把调速器将为“0”，方可关闭搅拌调速。

（七）事故及处理方法

序号	事故名称	现象	原因	处理方法
1	物料反应器 R101 温度过高	TI101 温度过高，加套油温度 TIC103 过高	夹套导热油温度太高	适当开启冷却水阀 VA084；减小加热器的 OP 开度
2	反应釜冷凝液温度偏高，R101 物料温度过高	TI101，TI104 温度超高	冷凝水流量偏小 上升蒸汽量过大	加大冷凝水流量，控制夹套加热功率。 开大排气阀，将不凝气排到室外
3	反应釜压力过大	PI103 的压力超过常压	不凝气积聚 夹套加热功率过大	开大冷水阀 VA084，开阀 VA0930 排放不凝气，将其排到室外；调整加热功率
4	筛板精馏塔塔压过大	PI108 压力超高	TIC109 塔底温度超高 冷凝器 E103 的冷水阀 VA087 开度过小	加大冷却水流量 VA087；打开放空阀 VA046，将不凝气排到室外；降低塔釜加热功率；调大回流量

三、软件介绍

（一）启动方式

（1）双击启动软件。

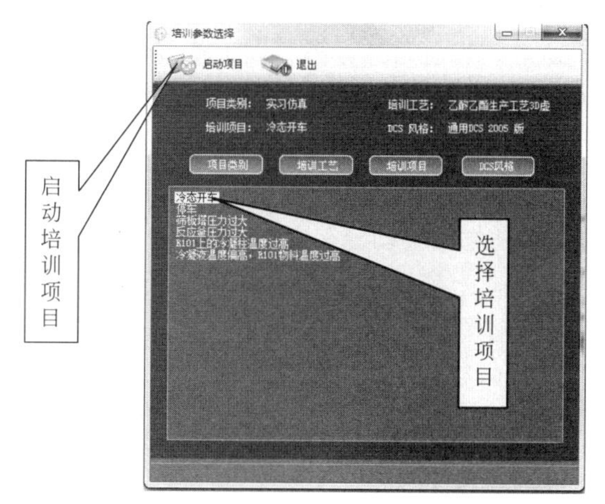

（2）点击“培训项目”，根据教学学习需要点选某一培训项目，然后点击“启动项目”启动软件。

（二）软件运行界面

3D 场景仿真系统运行界面

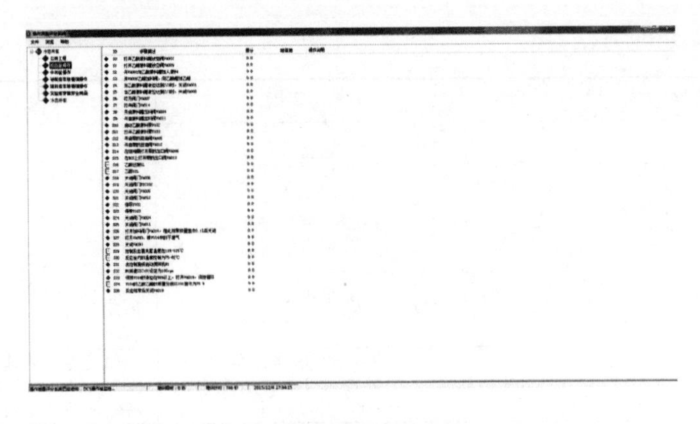

操作质量评分系统运行界面

(三) 3D场景仿真系统介绍

(1) 移动方式

① 按住“W、S、A、D”键可控制当前角色向前后左右移动。

② 按住“Q、E”键可进行角色视角左转与右转。

③ 点击“R”键或功能钮中“走跑切换”按钮可控制角色进行走、跑切换。

④ 鼠标右键点击一个地点，当前角色可瞬移到该位置。

(2) 视野调整　用户在操作软件过程中，所能看到的场景都是由摄像机来拍摄，摄像机跟随当前控制角色（如培训学员）。所谓视野调整，即摄像机位置的调整。

① 按住鼠标左键在屏幕上向左或向右拖动，可调整操作者视野即摄像机位置向左转或是向右转，但当前角色并不跟随场景转动。

② 按住鼠标左键在屏幕上向上或向下拖动，可调整操作者视野即摄像机位置向上转或是向下，相当于抬头或低头的动作。

③ 滑动鼠标滚轮向前或是向后转动，可调整摄像机与角色之间的距离变化。

(3) 视角切换　点击空格键即可切换视角，在默认人物视角和全局视角间切换。

(4) 任务系统

① 点击运行界面右上角的任务提示按钮即可打开任务系统。

② 任务系统界面左侧是任务列表，右侧是任务的具体步骤，任务名称后边标有已完成任务步骤的数量和任务步骤的总数量，当某任务步骤完成时，该任务步骤会出现对号表示完成，同时已完成任务步骤的数量也会发生变化。

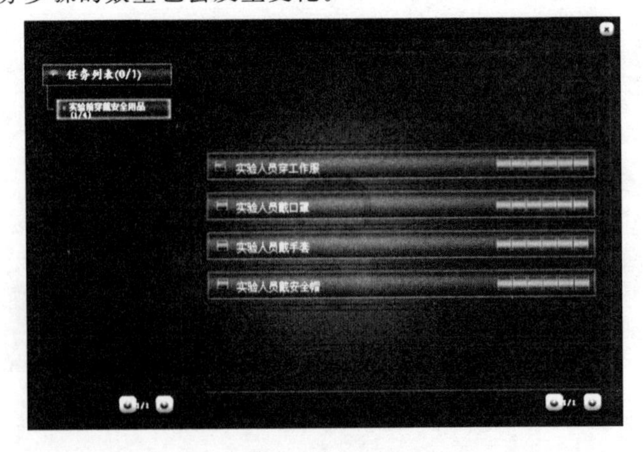

(5) 实验前穿戴安全用品　安全用品包括工作服、口罩、手套、安全帽等，位于工具间和更衣室内，实验人员在实验前需进入更衣室及工具间穿戴安全用品。

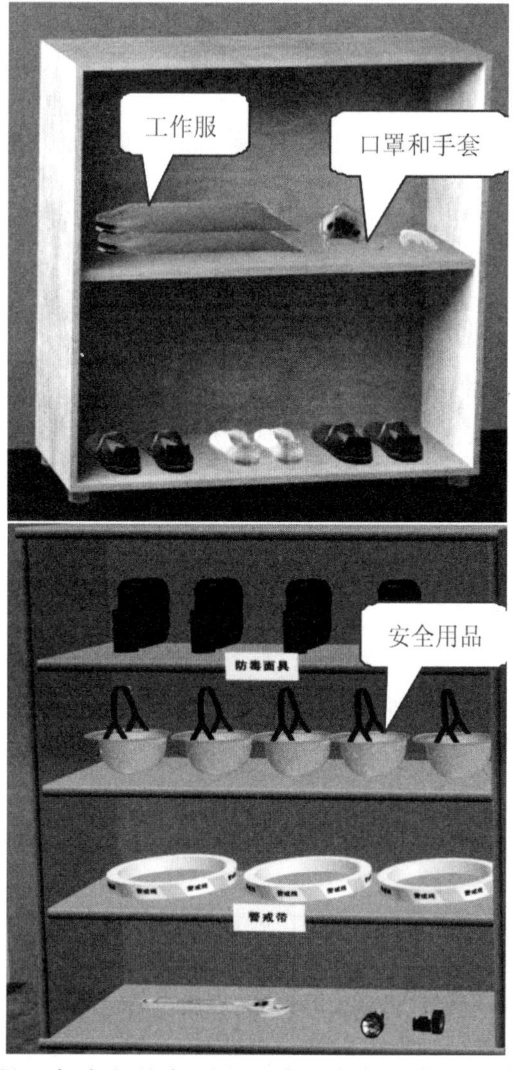

① 实验人员穿工作服：实验人员在更衣室中，鼠标悬停在工作服上，工作服会闪烁，代表可以穿工作服，鼠标左键双击工作服即可完成工作服的更换。

② 实验人员戴口罩及手套：实验人员在更衣室中，鼠标左键双击口罩及手套即可完成口罩、手套的佩戴。

③ 实验人员戴安全帽：实验人员在工具间中，鼠标左键双击安全帽即可完成安全帽的佩戴。

(6) 操作阀门　当控制角色移动到目标阀门附近时，鼠标悬停在阀门上，此阀门会闪烁，代表可以操作阀门；如果距离较远，即使将鼠标悬停在阀门位置，阀门也不会闪烁，代表距离太远，不能操作。

① 左键双击闪烁阀门，可进入操作界面。

② 在操作界面上方有操作框，点击后进行开关操作，同时阀门手轮或手柄会相应转动。

③ 按住上下左右方向键，可调整摄像机以当前阀门为中心进行上下左右的旋转。

④ 滑动鼠标滚轮，可调整摄像机与当前阀门的距离。

⑤ 单击右键，退出阀门操作界面。

(7) 查看仪表　当控制角色移动到目标仪表附近时，鼠标悬停在仪表上，此仪表会闪烁，说明可以查看仪表；如果距离较远，即使将鼠标悬停在仪表位置，仪表也不会闪烁，说明距离太远，不可观看。

① 左键双击闪烁仪表，可进入操作界面。

② 在仪表界面上显示有相应的实时数据显示，如温度、压力等。

③ 点击关闭标识，退出仪表显示界面。

(8) 操作电源控制面板　电源控制面板位于实验装置旁，可根据设备名称找到该设备的电源面板。当控制角色移动到电源控制面板目标电源附近时，鼠标悬停在该电源面板上，此电源面板会闪烁，出现相应设备的位号，说明可以操作电源面板；如果距离较远，即使将鼠标悬停在电源面板位置，电源面板也不会闪烁，代表距离太远，不能操作。

① 在操作面板界面上双击绿色按钮，开启相应设备，同时绿色按钮会变亮。

② 在操作面板界面上双击红色按钮，关闭相应设备，同时绿色按钮会变暗。

③ 按住上下左右方向键，可调整摄像机以当前控制面板为中心进行上下左右的旋转。

④ 滑动鼠标滚轮，可调整摄像机与当前电源面板的距离。

(9) 操作仪表控制面板　仪表控制面板位于中控室内，左键双击显示仪表即可显示数显画面，查看各仪表参数。仪表右侧配有说明，左键双击即可查看说明的具体内容。点击关闭标识，退出仪表控制面板界面。

(四) 功能钮介绍

点击某功能钮后弹出一个界面，再次点击该功能钮，界面消失。下面介绍操作中几个常用的功能钮。

(1) 视角功能　单击 “视角”功能钮，弹出视角选择框。上侧区域为视角显示区，可通过鼠标左键选择；下侧区域为操作确认区，选中目标视角后点击确定进入视角状态，点击退出则退出视角操作。在正常操作状态下，点击空格键，也可进入视角状态。两种方式进入视角状态后都可以通过点击空格键退出。

① 进入视角状态后一般是摄像机处于高空，俯视场景，摄像机不再跟随当前角色。

② 按住“W、S、A、D”键可控制摄像机前后左右移动。

③ 滑动鼠标滚轮可调整摄像机高度即视野高度。

（2）消息功能　左键点击“消息”功能钮，弹出消息框，再点击一次，消息框退出。消息框中包含的内容有：角色之间的对话，操作设备记录等。所有消息在主场景区会即时显示，同时显示在消息框中。

（3）查找功能钮　左键点击“查找”功能钮，弹出查找框。适用于知道阀门位号，不知道阀门位置的情况。

① VA037：上部为搜索区，在搜索栏内输入目标阀门位号，如VA101，按回车或开始搜索，在显示区将显示出此阀门位号；也可直接点击，在显示区将显示出所有阀门位号。

② VA037：中部为显示区，显示搜索到的阀门位号。

③ 开始查找 退出：下部为操作确认区，选中目标阀门位号，点击开始查找按钮，进入到查找状态；若点击退出，则取消此操作。

④ 进入查找状态后，主场景画面会切换到目标阀门的近景图，可大概查看周边环境。点击右键退出阀门近景图。

主场景中当前角色头顶出现绿色指引箭头，实施指向目标阀门方向，到达目标阀门位置后，指引箭头消失。

（4）操作手册功能　左键点击 操作手册 “操作手册”功能钮，即弹出乙酸乙酯3D仿真操作手册pdf文件，便于学员快速查询实验相关信息及软件2D&3D的操作指南。

第二部分　实训指导书

一、实训目的

在化工工艺、应用化学专业本科学生进行了化学化工基础理论课与专业课学习，经基础化学实验与专业实验操作训练之后，为进一步培养学生熟练掌握化工工艺流程设计和进行化工产品合成与分离操作训练，对化工工艺、应用化学专业学生进行化工实训装置工程训练，可提高学生对化工装置的实际操作能力，为走上工作岗位后适应生产工艺设计及生产管理打下坚实基础。

二、实训内容

以精细化工产品乙酸乙酯为终端产物设计的化工实训工程训练，通过乙酸乙酯合成与分离提纯，掌握从加料、反应釜、冷凝器、回流装置、产品贮存及精馏分离、纯度色谱检测等过程的操作。

三、实验原理

（一）乙酸乙酯简介

乙酸乙酯，又名醋酸乙酯，英文名Ethyl Acetate，是应用最广泛的脂肪酸酯之一，具有优良的溶解性能，是一种快干性的、极好的工业溶剂，被广泛用于醋酸纤维、乙基纤维、氯化橡胶、乙烯树脂、乙酸纤维树脂、合成橡胶等生产。其主要物性数据如下：

分子量	88.106	相对密度（200℃）	0.8945
熔点	−83.6℃	沸点	77.10℃
闪点	−40℃	自燃点	4260℃

蒸气压（201℃）　73mmHg（1mmHg=133.322Pa，下同）　折射率　1.372

水溶性　8g/100g

近年来随着办公自动化的开展，乙酸乙酯也广泛用于生产复印机用液体硝基纤维墨水；在纺织工业中用作清洗剂；食品工业中用作特殊改性酒精的香味萃取剂；香料工业中是最重要的香料添加剂，可作为调香剂的重要组分之一。此外，乙酸乙酯也可用作黏合剂的溶剂，油漆的稀释剂以及制造药物、染料的原料。

（二）乙酸乙酯合成方法

乙酸乙酯有比较多的合成方法，包括国内常用的乙酸乙酯直接酯化法，欧美常用的乙醛缩合法，以及尚仅有少量报道的乙醇一步法，这三种方法都是已经应用于实际工业化的合成方法；另外还有尚未工业化的方法，例如乙酸、乙烯酯化法，乙烯、水一步氧化法，羰基化合成法，乙酸酐加氢法。

（1）直接酯化法　直接酯化法是在催化剂作用下，乙醇和乙酸直接反应，反应式如下：

$$CH_3COOH + C_2H_5OH \xrightarrow[\text{加热}]{\text{催化剂}} CH_3COOC_2H_5 + H_2O$$

酯化法最大的优点是反应比较迅速，同时选择性比较好，但是目前基本采用硫酸作为催化剂。硫酸和乙酸高温下对设备产生非常强烈的腐蚀，限制了流程的改进，例如硫酸限制了工业采用反应精馏工艺；同时硫酸的使用导致设备固定投资和设备的替代速率，例如为了满足硫酸的苛刻要求，工业中必须使用昂贵的特种合金钢抵抗硫酸的腐蚀。

由于硫酸带来的一系列问题，目前许多研究致力于寻求硫酸合理的替代品，涉及无机酸、无机酸盐、杂多酸、离子液体、离子交换树脂、超强固体酸、负载固体酸、沸石、分子筛等等。而其中离子交换树脂类催化剂已经得到工业化应用。

（2）无机酸及无机酸盐类　酯化反应可以在没有催化剂的情况下自发发生反应，但是这个反应过程极其缓慢，因为反应速率决定于羧酸产生的质子数。因此酯化反应可以通过添加可以提供质子源的酸性催化剂加以强化。

典型的均相无机酸或无机酸盐类酯化催化剂主要分以下几类：

硫酸、盐酸、发烟硫酸、氢碘酸、$ClSO_3OH$ 属强酸类；$NaHSO_4$ 等含氢离子强酸盐类；$AlCl_3$、$ZnCl_2$、BF_3 等 Lewis 酸类，此类催化剂的特点是催化效率比较高，尤其是强酸类催化剂和 Lewis 酸类催化剂，在催化速率上具有良好的性能，而且此类催化剂选择性比较好，可以应用到工业化中，另外此类催化剂基本不挥发，不会引起酯类产物中携带此类催化剂的问题。

上述强酸、强酸盐、Lewis 酸催化剂在工程应用中都具有几个比较明显的问题：

① 强腐蚀性。强酸以及强酸盐在反应体系中都会产生大量游离氢离子，会严重腐蚀设备，往往需要昂贵的材料制作设备，例如硅钢、钛钢、316L 不锈钢等；而 Lewis 酸类由于卤素的存在，往往会对钢材，尤其是不锈钢产生点蚀，危害更加严重。

② 过程难以集成。由于一般均相体系催化剂比较难以迅速和产物分离，因此需要一个精馏分离过程，而精馏过程往往是最耗能的过程。

③ 需要处理含酸废水防止环境污染。

④ 浓硫酸具有很强的氧化性，尤其是高温情况下，会引起很多副反应，增加后继分离工艺的难度。

⑤ 硫酸的催化活性会随着水含量的增加而减少。Liu 等通过水对硫酸酯化反应的影响研

究，发现水浓度对硫酸的催化活性有非常强烈的影响，影响关系呈负指数关系。

目前，国内乙酸乙酯生产过程居多采用乙酸和乙醇通过浓硫酸催化的工艺流程。随着我国对石油资源的需求越来越大，对环境保护的要求越来越严格，硫酸催化存在的某些缺陷，例如腐蚀会导致设备频繁更换、过程不能集成节约能源、含酸废水需要额外废水处理增加成本等，这可能在以后会迫使我国乙酸乙酯生产商寻求一种更加优良的工艺生产乙酸乙酯，其中通过技术改造生产乙酸乙酯是最合适的一条途径，不仅可以利用现有的设备，减少投资，而且通过选择另外一种催化剂替代浓硫酸作为乙酸乙酯合成的催化剂，可以减少企业额外的技术培训等。

（3）杂多酸类　杂多酸于 1994 年由 Hill 等发现，磷钼酸也在近 20 年内得到了广泛的关注。杂多酸是一种复杂的质子酸，它由多金属氧酸盐阴离子构成金属-氧八面体作为基础结构［zd-1］组成。至今，已发现有超过 100 种不同组成和结构的杂多酸，它的结构不像金属氧化物或者沸石，杂多酸具有不严格的、易移动的离子结构如图 8-1 所示：

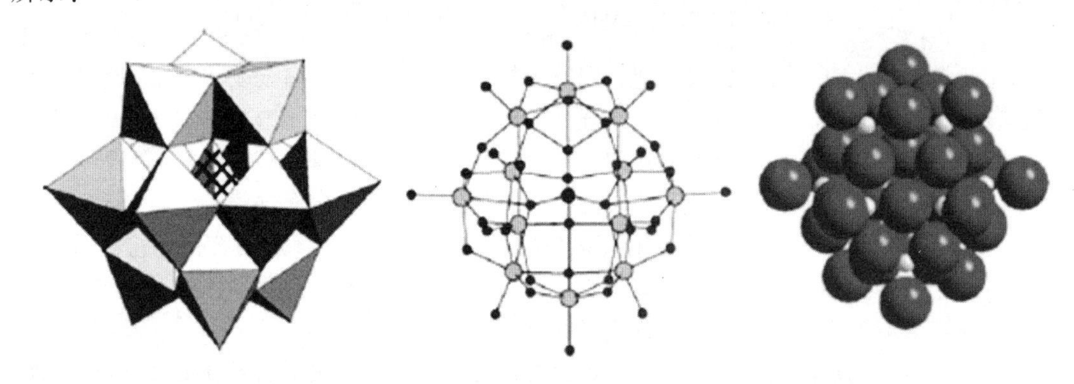

图 8-1　Keggin 结构类型的杂多酸结构示意图

杂多酸具有几个独有的特征，这些特征决定了杂多酸具有良好的催化效率。目前已经有很多基于杂多酸催化剂的新工业流程得到应用，例如 2-甲基丙烯酸醛氧化、石蜡油水合反应、四氢呋喃聚合等等。

第一是酸性。杂多酸具有很强的酸性，其酸性已经接近超强酸的范围。表 8-1 是一张关于各种酸在丙酮中的电离常数对比表。

表 8-1　25℃各种酸在丙酮中的电离常数对比表

酸	pK_1	pK_2	pK_3
$H_3PW_{12}O_{40}$	1.6	3	4
$H_4PW_{11}VO_{40}$	1.8	3.2	4.4
$H_4SiW_{12}O_{40}$	2	3.6	5.3
$H_3PMo_{12}O_{40}$	2	3.6	5.3
$H_4SiMo_{12}O_{40}$	2.1	3.9	5.9
H_2SO_4	6.6		
HCl	4.3		
HNO_3	9.4		

该表显示，杂多酸比传统强酸的酸性更强，从酯化反应催化效率而言，更适合作催化剂。而 Timofeeva 认为，Keggin 结构的杂多酸其酸性比 Dawson 类型的杂多酸酸性强，而且所有类型的杂多酸的酸性都比常见的无机酸强，包括盐酸、硫酸、硝酸、氢溴酸，甚至 $HClO_4$、CF_3SO_3H 等强酸。他的研究还表明，杂多酸的组成成分对其酸性影响不是很大，但是杂多酸的结构对它的酸性影响很大。所有 Keggin 类型的杂多酸中，12-磷钨酸的酸性最强，其酸性由强到弱的排列为：$H_3PW_{12}O_{40} > H_4SiW_{12}O_{40} > H_3PMo_{12}O_{40} > H_4SiMo_{12}O_{40}$。

第二是氧化性。杂多酸的中心都含有一个金属离子，而这个金属离子都是处于高价状态的，例如 Mo^{6+}、W^{6+}、V^{5+}、Co^{2+}、Zn^{2+} 等。

第三是溶解性。所有杂多酸在极性溶剂中都有很高的溶解度，比如水、低级醇、酮、酯、醚；而在非极性溶剂中，杂多酸都不会溶解，例如多数的碳氢化合物。杂多酸在溶液中会水解，水解能力如下：$H_4SiW_{12}O_{40} > H_3PW_{12}O_{40} > H_4SiMo_{12}O_{40} > H_3PMo_{12}O_{40}$。

第四是相对的热不稳定性。杂多酸在高温下会分解，其失去所有酸性原子的分解温度如下：$H_3PW_{12}O_{40}$（465℃）> $H_3PMo_{12}O_{40}$（375℃）> $H_4SiW_{12}O_{40}$（445℃）> $H_4SiMo_{12}O_{40}$（350℃）。其逐步分解过程如图 8-2 所示：

$$H_3PW_{12}O_{40}\cdot nH_2O \underset{-(n-6)H_2O}{\xrightleftharpoons{<100℃}} H_3PW_{12}O_{40}\cdot 6H_2O \xrightarrow[-6H_2O]{200℃} H_3PW_{12}O_{40}$$

$$H_3PW_{12}O_{40} \xrightarrow[-1.5H_2O]{450\sim470℃} \{PW_{12}O_{38.5}\} \xrightarrow{约600℃} 1/2\,P_2O_5 + 12WO_3$$

图 8-2 磷钨酸热分解过程

有学者认为 Keggin 结构的杂多酸热不稳定，会在加热过程中脱水损失活性氢离子。但是事实上杂多酸脱水过程是一个可逆过程，热力学的分解的杂多酸完全可以在潮湿的水蒸气中得到重建，因此在乙酸乙酯这种含水多的体系中，基本上不会破坏杂多酸的结构，同时由于工业中乙酸乙酯反应精馏体系最高温度不超过 115℃，所以这种温度也基本不会影响杂多酸的结构稳定性。

杂多酸由于溶解性的特性，既可以作为乙酸乙酯反应均相催化剂，也可以作为非均相催化剂。由于杂多酸的分子量比较大，其分子比表面积相对比较小，为 $1\sim10m^2/g$，考虑到杂多酸由于能够很好地溶解到乙酸乙酯反应体系中，所以作为均相反应催化剂时不容易进行分离，这给过程集成带来一定的难度，尤其是分离过程会消耗大量的能量，所以很多学者倾向于使用负载杂多酸的固体催化剂，这样不仅可以实现催化剂快速分离，集成流程；而且通过多孔介质增加催化剂的比表面积，增加更多的催化活性基团。

四、主要容器设备一览表及流程图

整个系统由公用工程、反应釜、中和器、筛板精馏塔、填料精馏塔等 5 个子系统组成。

（一）主要容器设备一览表

序号	名称	位号	功能	备注
1	冷却水箱	V101	提供所有公用工程冷却水源	公用工程子系统
2	冷却水泵	P101	为所有冷却器提供冷却水动力	
3	缓冲罐	V102	真空泵缓冲	
4	真空泵	P102	为反应釜、中和器、筛板精馏塔、填料精馏塔提供真空源	

续表

序号	名称	位号	功能	备注
5	反应釜	R201	物料反应	反应釜子系统
6	原料罐	V201	物料A贮罐	
7	原料罐	V202	物料B贮罐	
8	导热油冷却罐	V203	导热油与冷却水换热	
9	分液回流罐	V204	反应釜蒸汽冷凝液分相及回流	
10	冷凝器	H201	反应釜蒸汽一级冷凝	
11	冷凝器	H202	反应釜蒸汽二级冷凝	
12	原料泵	P201	输送原料A至反应釜	
13	原料泵	P202	输送原料B至反应釜	
14	油泵	P203	输送油至反应釜夹套并返回油罐	
15	中和器	R301	反应后物料中和处理	中和器子系统
16	中和液罐	V301	中和用的标准碱(酸)液贮罐	
17	生成液罐	V302	反应釜或中和器产品贮罐	
18	筛板精馏塔	T401	普通精馏、萃取精馏和反应精馏等	筛板精馏塔子系统
19	冷凝器	H401	筛板精馏塔塔顶蒸汽冷凝	
20	分液回流罐	V401	筛板塔塔顶蒸汽冷凝液分相及回流	
21	冷凝液罐	V402	筛板精馏塔塔顶产品贮罐	
22	原料罐	V403	筛板精馏塔侧线出料贮罐、萃取精馏的萃取剂贮罐、反应精馏的反应物贮罐	
23	残液贮罐	V404	筛板精馏塔塔釜残液贮罐	
24	原料泵	P401	输送原料A至精馏塔	
25	原料泵	P402	输送原料B至精馏塔	
26	填料精馏塔	T501	普通精馏、萃取精馏和反应精馏等	填料精馏塔子系统
27	冷凝器	H501	填料精馏塔塔顶蒸汽冷凝	
28	分液回流罐	V501	填料塔塔顶蒸汽冷凝液回流及分相	
29	冷凝液罐	V502	填料精馏塔塔顶产品贮罐	
30	原料罐	V503	填料精馏塔侧线出料贮罐、萃取精馏的萃取剂贮罐、反应精馏的反应物贮罐	
31	残液贮罐A	V504	填料精馏塔塔釜产品贮罐	
32	原料泵	P501	输送原料A至精馏塔	
33	原料泵	P502	输送原料B至精馏塔	

注：位号说明

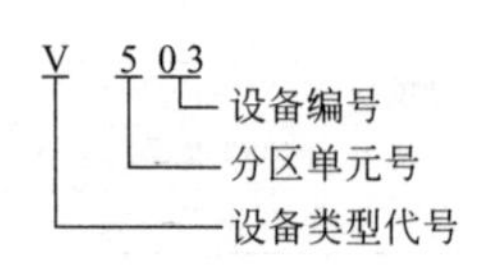

（二）装置流程图

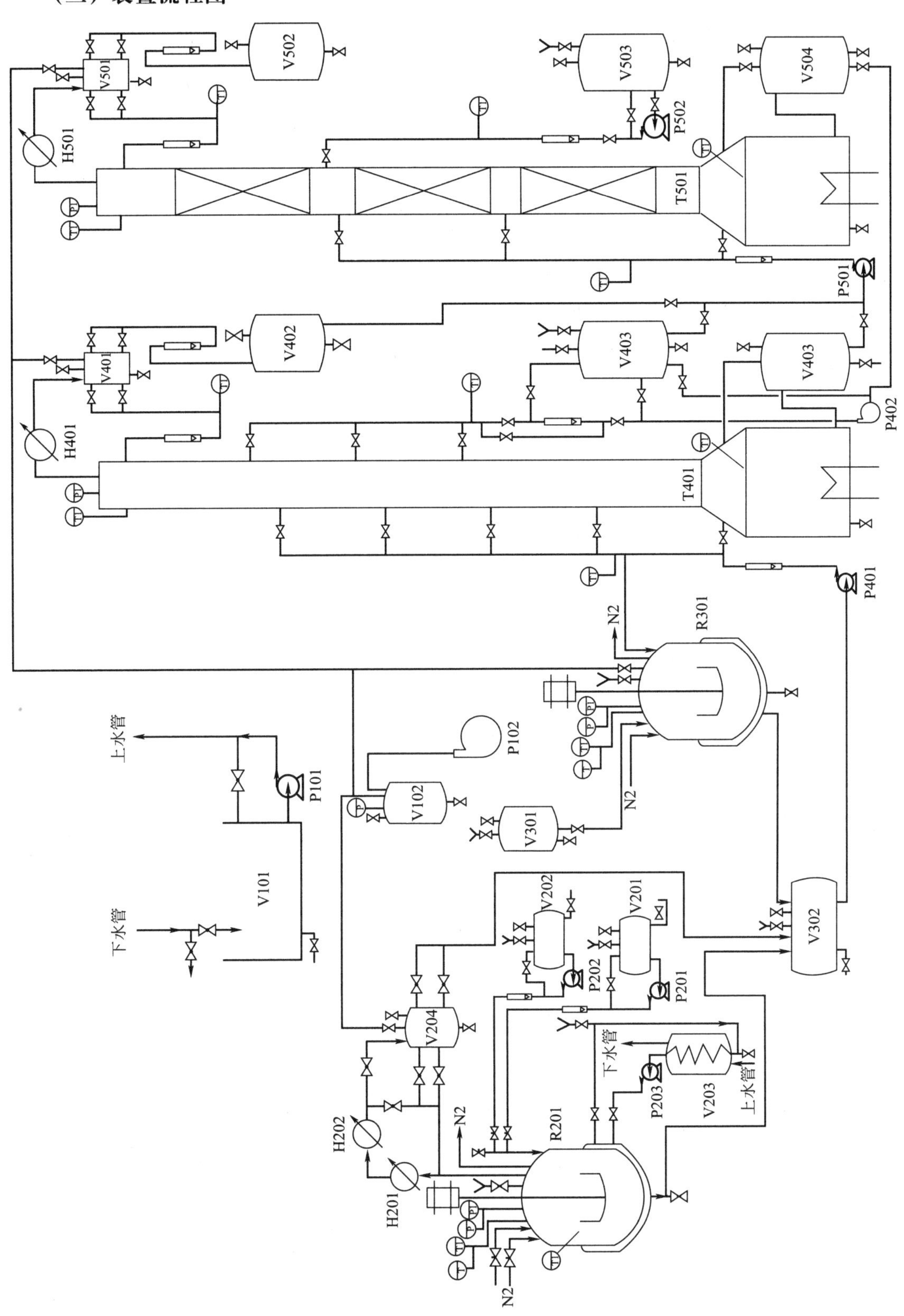

V501
V502
V503
V504
H501
T501
P501
P502
V401
V402
V403
V403
H401
T401
P401
P402
R301
N2
N2
P102
V102
V301
上水管
P101
V101
下水管
V202
V201
V302
P202
P201
V204
下水管
V203
上水管
P203
H202
H201
R201
N2
N2

五、各系统功能说明

（一）公用工程系统

公用工程系统由冷却系统和真空系统组成。

（1）冷却系统　冷却系统内的冷却介质为自来水，通过泵 P101 将冷却水箱 V101 内的冷却水分别：

① 输送至 V205 冷却热油；

② 输送至 H202 冷却反应釜 R201 上方的蒸汽；

③ 输送至 H401 冷却筛板精馏塔 T401 顶部的蒸汽；

④ 输送至 H501 冷却填料精馏塔 T501 顶部的蒸汽。

各条冷却管路独立控制，冷却水循环回至冷却水箱 V101，运行过程中若冷却水箱水温过高，也可将热的冷却水排掉，冷却水箱内再补充新的自来水。

（2）真空系统　反应釜 R201 上方分液回流罐 V201，中和器 R301 上方分液回流罐 V301，筛板精馏塔 T401 上方分液回流罐 V401，填料精馏塔 T501 上方分液回流罐 V501 各有一根支路至真空系统总管，然后由总管引至真空泵缓冲罐 V102，用真空泵 P102 抽真空。系统真空度由真空泵入口的旁路阀进行调节。

（二）反应釜系统

该系统主体为反应釜，反应釜釜体为下卸式，备有推进式桨和锚式桨，可互换，釜盖上有三个液体进料口，一个固体进料口，保护气体氮气进出口，测压、测温口。

反应釜内液体物料通过原料泵 P201、P202 加入，固体物料通过反应釜盖上方的加料斗加入。

反应釜内的蒸汽通过上方一级冷凝器 H201、二级冷凝器 H202 冷凝后进入分液回流罐 V204，罐内的液体可由操作人员选择回流入釜或选择引出系统外。

通过电加热夹套内导热油来加热反应釜内物料，釜内温度通过控制导热油油温来控制。

反应后的物料可通过反应釜底部排出口外排，或直接排入生成液罐 V302，再用泵 P401 将 V302 中的物料送至中和器 R301 进行中和反应。

反应釜示意图及工艺参数如下。

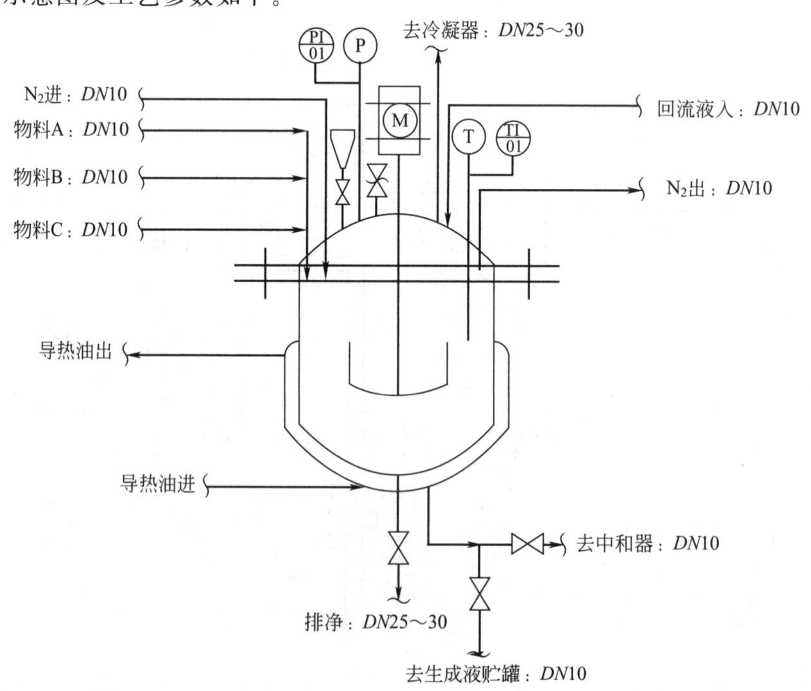

反应釜：釜体、釜盖用 316L 不锈钢制造；

釜体法兰、釜盖法兰用 304 不锈钢制造；

反应釜容积 24L；

设计温度 320℃，最高工作温度 300℃；

设计压力 4MPa，最高工作压力 3MPa；当压力大于 3MPa 时系统报警。

反应釜盖：3 个原料进口管 $DN10$；

1 个 N_2进口管 $DN10$；

1 个 N_2出口管 $DN10$；

1 个回流液进口管 $DN10$；

1 个蒸汽出口管 $DN25$～30；

1 个固体物料进口管 $DN25$～30；

1 个连接真空罐接口；

1 个压力就地显示接口；

1 个压力远传接口；

1 个温度就地显示接口；

1 个温度远传接口；

1 个电机转轴，电机转速 0～1000r/min 可调；

1 个爆破膜口，限压 3MPa。

反应釜侧面：1 个导热油进口 $DN10$；

1 个导热油出进口 $DN10$；

1 个夹套温度远传接口；

夹套设计温度 350℃；夹套最高工作温度 300℃；

夹套设计压力 0.5MPa；夹套最高工作压力 0.4MPa。

反应釜底部：1 个大口径排出口 $DN25$～30；

1 个生成物排出口 $DN10$。

反应釜上部：1 个立式列管式冷凝器，0.5m^2，3MPa；

1 个卧式列管式冷凝器，2.0m^2，3MPa；

1 个接收器，10L；上方有 1 个弹簧式安全阀，2.5MPa。

结构图：

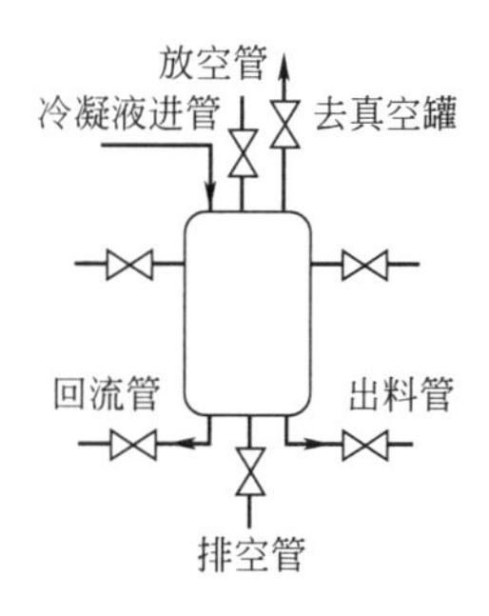

(三) 中和器系统

该系统主体为中和器，中和器为上开式，备有推进式桨和锚式桨，可互换，釜盖上有两个液体进料口，保护气体氮气进出口，测压，测温。

反应釜 R201 反应后的物料排入中和器 R301，通过预先放在中和液罐 V301 内酸液或碱液中和反应釜中的物料，经中和后再排入生成液罐 V302。通过调节加热管的加热功率来控制中和器内的温度。

生成液罐 V302 内混合物可作为后续精馏塔的原料。

反应釜示意图及工艺参数如下。

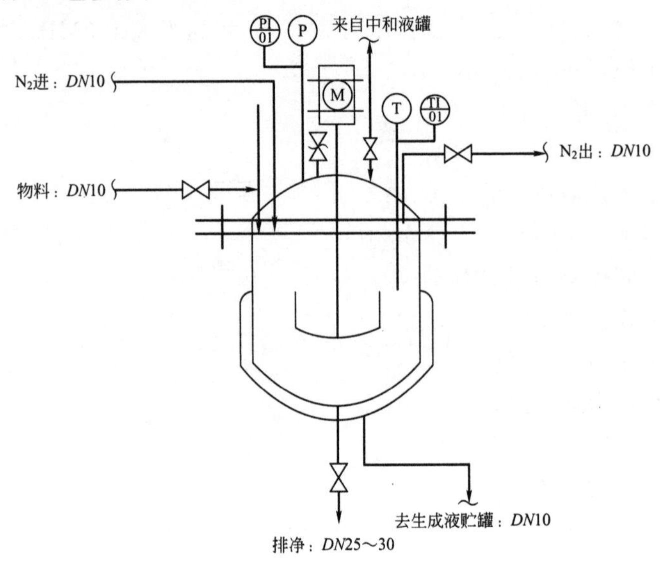

中和釜：釜体、釜盖用 316L 不锈钢制造；

釜体法兰、釜盖法兰用 304 不锈钢制造；

反应釜容积 30L；

设计温度 150℃，最高工作温度 100℃；

设计压力 0.3MPa，最高工作压力 0.2MPa。

中和釜盖：1 个原料进口管 *DN*10；

1 个 N_2进口管 *DN*10；

1 个 N_2出口管 *DN*10；

1 个真空罐接口 *DN*10；

1 个物料加料口 *DN*25；

1 个压力就地显示接口；

1 个压力远传接口；

1 个温度就地显示接口；

1 个温度远传接口；

1 个电机转轴，电机转速 0～1000r/min 可调；

1 个爆破膜口，限压 1.1MPa。

中和釜侧面：1 个夹套进口 *DN*10；

1 个夹套出口 *DN*10；

1 个夹套温度远传接口；

夹套设计温度 150℃；夹套最高工作温度 100℃；

夹套设计压力 0.3MPa；夹套最高工作压力 0.2MPa。

中和釜底部：1 个大口径排出口 *DN*25～30；

1 个生成液排出口 *DN*10。

（四）筛板精馏塔系统

该系统主体为一座具有 24 块筛板的精馏塔 T401，底部有再沸器，顶部有冷凝器 H401，分液回流罐 V401，冷凝液罐 V402，原料罐 V403，残液贮罐 V404，原料泵 P401，原料泵 P402 及相关的测量仪表等组成。该精馏塔可进行多种实验。

筛板精馏塔工艺流程图：

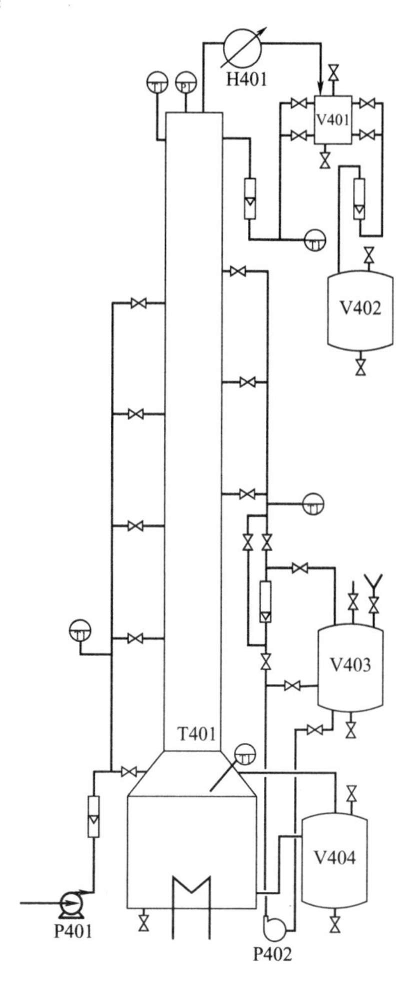

筛板精馏系统共计：

流量计 4 台　　1.6～16L/h；

铂热电阻 5 个　　0～150℃　精度 0.1℃；

压力传感器　　−0.1～0.1MPa；

原料泵 2 台　　20L/h，10m。

精馏塔塔釜部分：

塔釜容积 35L；

加热功率 4kW；

塔釜一个温度传感器接口 0～150℃。

筛板精馏塔塔体部分：

塔体内径 68mm，共 24 块筛板，板间距 130mm；

一块板上开孔 72 个，每个孔孔径 1.5mm；

塔顶一个压力表接口，－0.1～0.1MPa；

塔顶一个温度传感器接口，0～150℃；

塔顶第一块板至塔顶的空塔段高1000mm；

第一块塔板上方有一个回流液进口，进口管ϕ14mm×2mm；

塔的左侧第5、10、15、20块板上方各有一个进料口，进口管ϕ14mm×2mm；

塔的右侧第4、8、12块板上方各有一个进料口（或侧线出料口），进口管ϕ14mm×2mm。

分液回流器：ϕ100mm×L250mm（带液位计）。

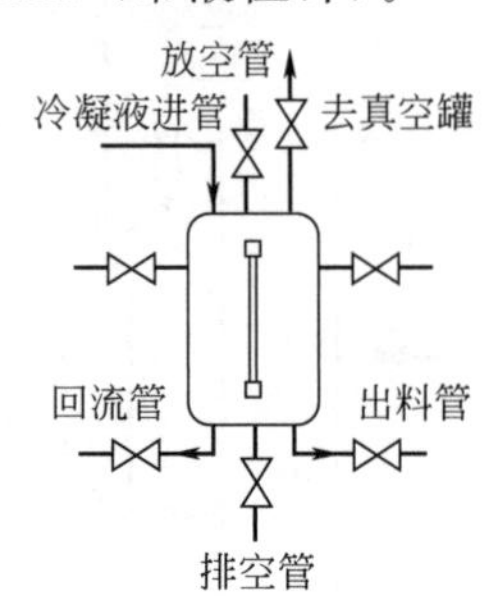

冷凝液罐ϕ250mm×L600mm（带液位计）。

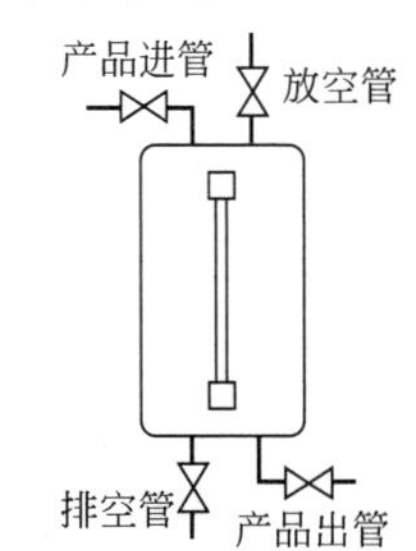

原料罐ϕ250mm×L600mm（带液位计）。

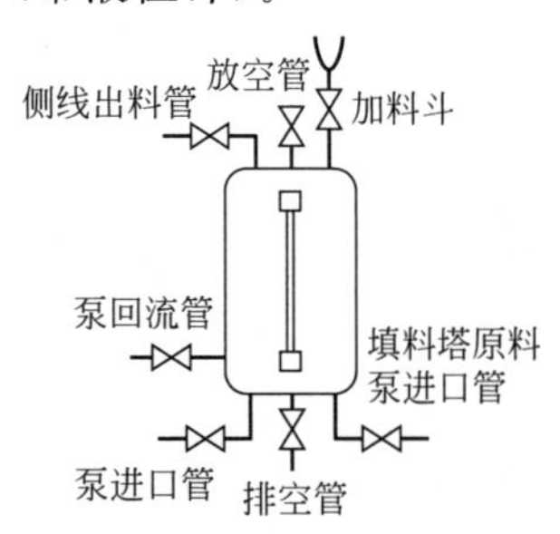

残液贮罐ϕ250mm×L600mm（带液位计）。

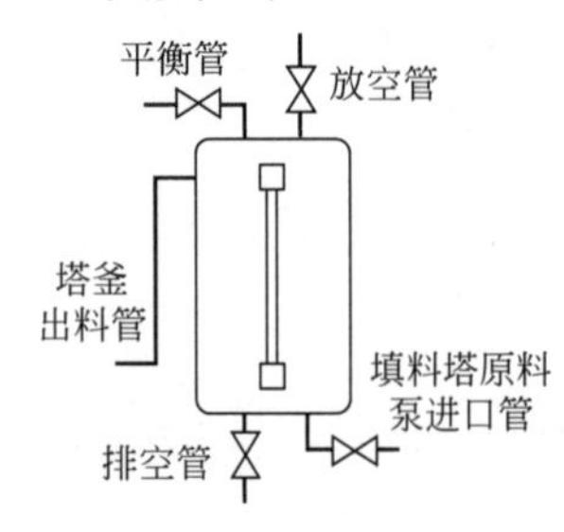

（五）填料精馏塔系统

该系统主体为一座填料层高3m的精馏塔T501，底部有再沸器，顶部有冷凝器H501，分液回流罐 V501，冷凝液罐 V502，原料罐 V503，残液贮罐 V504，原料泵 P501，原料泵 P502 及相关的测量仪表等组成。该精馏塔可进行多种实验。

填料精馏系统共计：

流量计 4 台　　1.6～16L/h；

铂热电阻 5 个　　0～150℃　精度 0.1℃；

压力传感器　　－0.1～0.1MPa；

原料泵 2 台　　20L/h，10m。

精馏塔塔釜部分：

塔釜容积 35L

加热功率 4kW

塔釜一个温度传感器接口 0～150℃。

填料精馏塔塔体部分：

塔体内径 68mm，共 3m 填料，分 3 段，每段 1m；

所用的填料为不锈钢 θ 网环 ϕ10mm×10mm 填料，堆积个数 760 个/L，网目 60，丝径 0.15mm，比表面积 $620m^2/m^3$，空隙率 97.5%，堆积密度 $199kg/m^3$。

填料精馏塔工艺流程图：

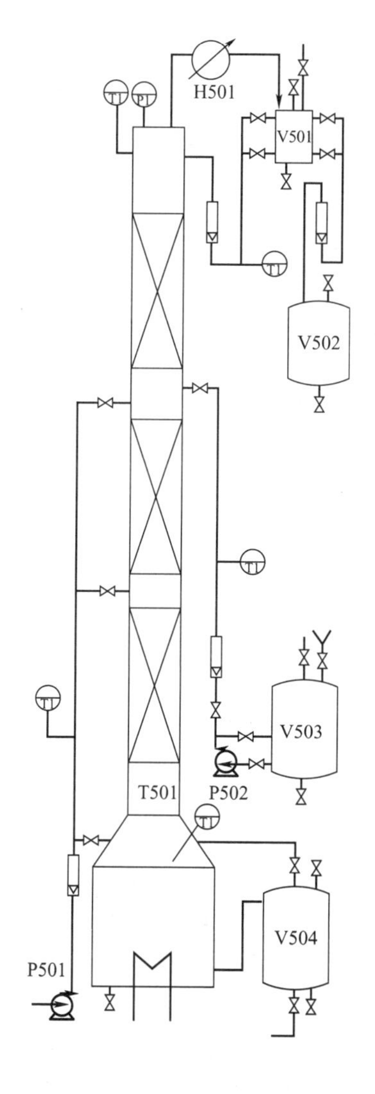

塔顶一个压力表接口，−0.1～0.1MPa；

塔顶一个温度传感器接口，0～150℃；

塔顶的空塔段高 1000mm；

第一段填料层上方有一个回流液进口，进口管 ϕ14mm×2mm；

塔的左侧有两个进料口，进口管 ϕ14mm×2mm；

塔的右侧有一个进料口，进口管 ϕ14mm×2mm。

分液回流器：ϕ100mm×L250mm（带液位计）。

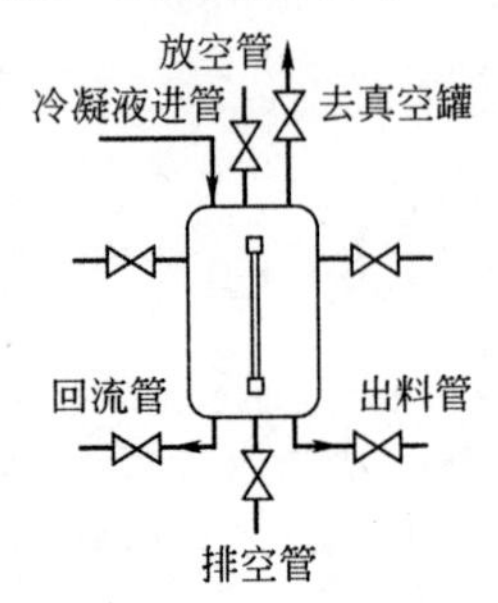

冷凝液罐 ϕ250mm×L600mm（带液位计）。

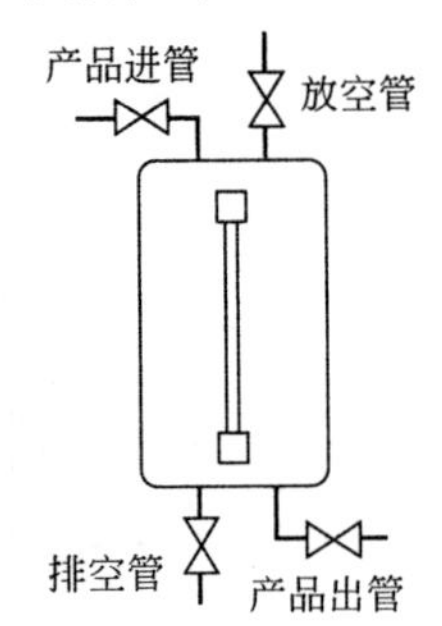

原料罐 ϕ250mm×L600mm（带液位计）。

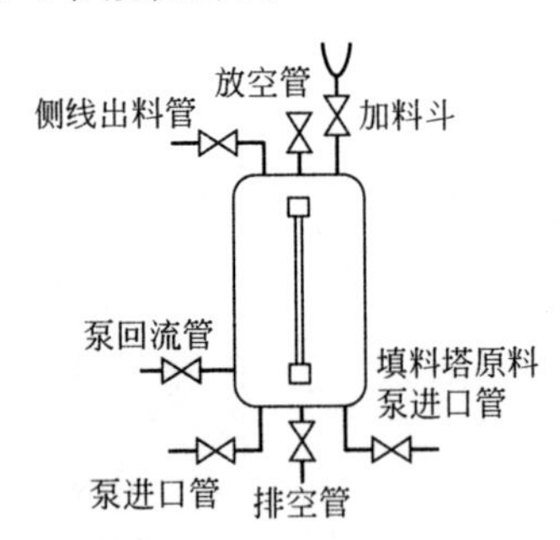

残液贮罐 ϕ250mm×L600mm（带液位计）。

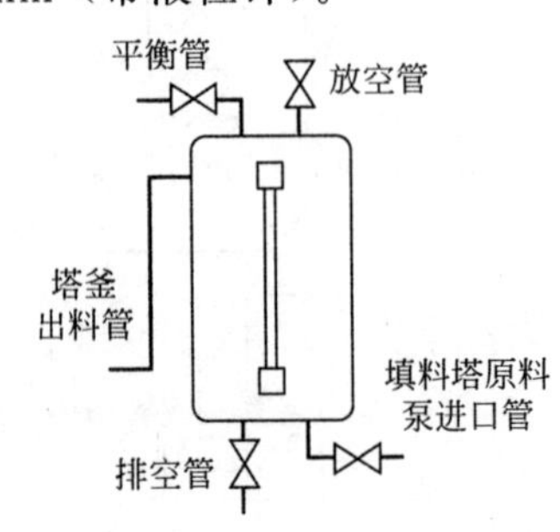

第一、二段填料层间结构：

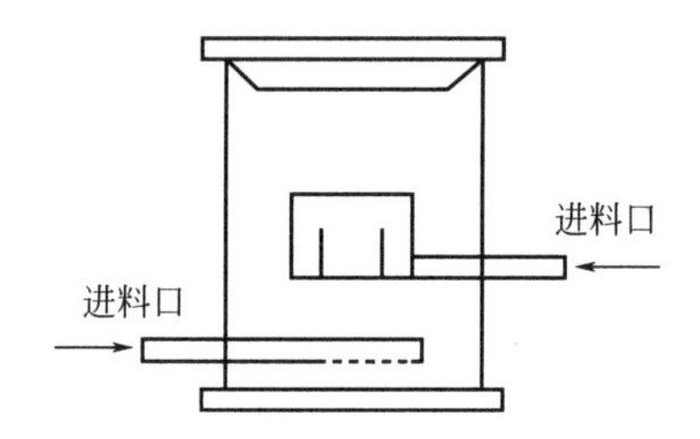

六、精馏实验工艺流程说明

（一）普通精馏实验

该实验可考察进料口位置、回流比对精馏效果的影响，筛板精馏系统和填料精馏系统均可进行该实验。

以筛板精馏系统为例：实验前，先用泵 P401 把一定量的原料从 V302 输入精馏塔 T401 内，在全回流下运行精馏塔，待塔运行稳定后，选定一个进料口进料，用泵 P501 将残液抽出，调节回流比，并使 $F=D+W$，运行稳定后可取样分析。

精馏塔工艺流程如下所示。

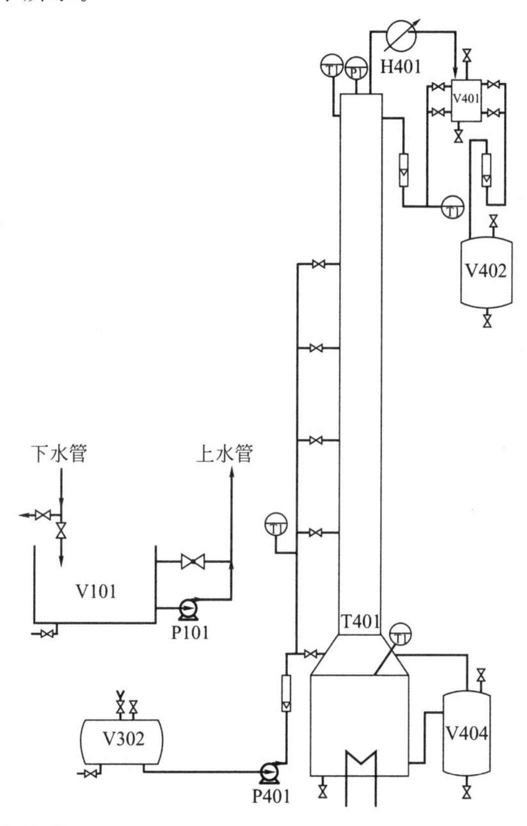

（二）侧线出料精馏实验

该实验可考察侧线出料对精馏效果的影响，筛板精馏系统可进行该实验。

实验前，先用泵 P401 把一定量的原料从 V302 输入精馏塔 T401 内，在全回流下运行精馏塔，待塔运行稳定后，选定一个进料口进料，用泵 P501 将残液抽出，开启侧线出料阀出料，调节回流比，并使 $F=D+D_1+W$，运行稳定后可取样分析。

侧线出料精馏工艺流程如下。

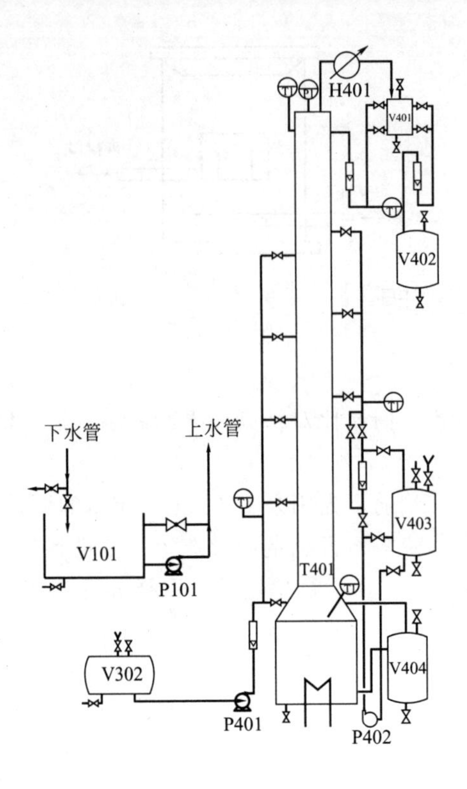

（三）反应精馏实验

利用精馏塔（筛板塔与填料塔操作原理相同）进行反应精馏实验，以筛板精馏塔为例，可用如下图所示的部分装置。

将轻、重组分分别置于 V302 和 V403 内，轻组分在下面进料口入，重组分在上面进料口入，催化剂视情形，可与轻组分或重组分合并进入塔内。

反应精馏工艺流程如下。

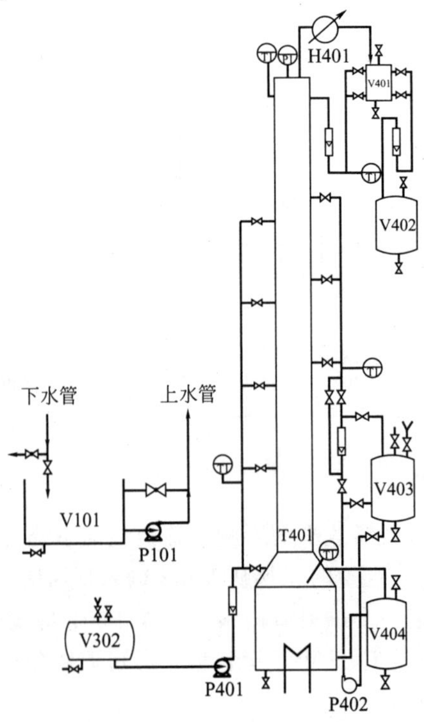

(四) 萃取精馏实验

用筛板精馏塔与填料精馏塔进行萃取精馏实验，可用下图所示的部分装置。

将待分离物料（A+B）加进 V302，通过泵 P401 输送至合适的进料口，萃取剂 C 加进 V403，通过泵 P402 输送至塔上部；精馏后，塔顶轻组分 A 冷凝进入 V402，萃取剂 C 和组分 B 从塔釜进入 V404，再通过 P501 输送至填料精馏塔的合适进料口，在填料精馏塔内通过精馏，组分 B 从塔顶馏出，萃取剂 C 从塔釜进入 V504，再由泵 P402 循环输送至筛板精馏塔 T401。

萃取精馏工艺流程如下。

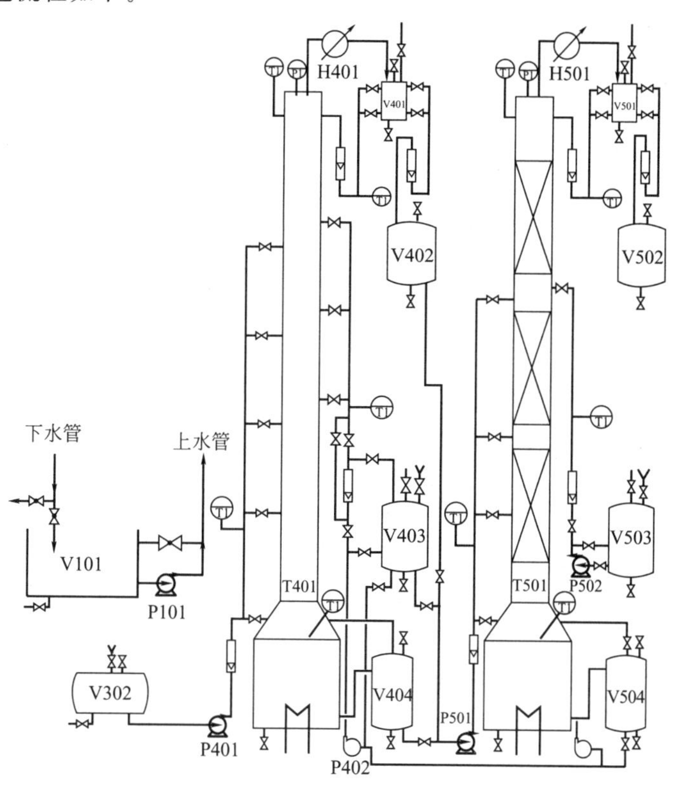

七、实验步骤

(一) 乙酸乙酯合成

(1) 将乙醇和乙酸按照摩尔比 2∶1 加入到反应釜 R201 中，原料液的总量控制在反应釜体积的 1/2～2/3 之间。原料液可以直接从反应釜顶部的漏斗加入，也可以先将原料液分别加入到原料罐 A、B 里，再通过原料泵 P201、P202 加入到反应釜中。然后将催化剂磷钼酸（或对甲苯磺酸）加入到反应釜中，催化剂的用量为原料液质量的 1%。

(2) 打开反应釜的搅拌电机，调节至适当转速。然后打开加热开关，使反应釜内的温度逐步升高；同时打开冷却水泵 P101，调节冷凝器 H202 的冷却水流量。

(3) 加热过程中注意观察夹套温度和釜内温度，夹套温度控制在 110～120℃，反应温度控制在 80℃左右。

(4) 打开相应的阀门，使冷凝液流到分液回流罐 V204 中。注意观察分液回流罐的液位，待罐内液位到一定高度时，打开回流阀门，使冷凝下来的液体流回到反应釜中。注意控制阀门开度，使回流罐内的液位高度保持不变。

（5）反应回流 2h 后，关闭分液回流罐的回流阀门；同时打开出料阀门，将料液放到生成液罐 V302 中。然后取样，用色谱分析料液的各组分浓度。

（二）乙酸乙酯提纯

（1）将萃取剂甘油（或乙二醇）加入到原料罐 V403、V503 中，打开原料泵 P402、P502，将甘油（或乙二醇）打入塔釜。精馏塔的塔釜容积约 40L，每次精馏时加入的液体在 25L，大约在塔釜液位计 2/3 处。

（2）打开两个塔的塔釜加热开关，调节到适当的加热功率，注意观察塔釜的温度。

（3）待塔釜温度上升到 80℃以上时，打开塔釜与残液罐之间的平衡阀，使热甘油进入到残液罐 V404、V504。同时打开原料泵 P402、P502，将残液罐 V504 中的热甘油从最高的进料口加入到精馏塔 T501 的塔釜中，将残液罐 V404 中的热甘油加入到精馏塔 T501 的塔釜中。使两个塔内的甘油不断循环。

（4）当精馏塔 T401 的副进料温度达到 80℃左右时，打开原料泵 P401，将 V302 中的冷凝液打入到 T401 中，选择塔下部的进料口进料。

（5）同时打开冷却水泵，调节塔顶冷凝器的冷却水流量至合适的值。

（6）精馏后的乙酸乙酯通过冷凝器 H401 冷凝后，到分液回流罐 V401 中。待罐内的液位到一定高度后，打开阀门，将产品加入到产品罐 V402 中。注意调节流量计的开度，使产品罐 V402 的液位基本保持不变。

（7）从产品罐 V402 的取样口取样，用色谱分析料液的各组分浓度。

（8）未分离的乙酸乙酯、乙醇、水与热甘油一起进入到填料精馏塔 T501 中，从塔顶蒸出，冷却后进入分液回流罐 V501 中。待罐内的液位到一定高度后，打开阀门，将产品加入到产品罐 V502 中。注意调节流量计的开度，使产品罐 V502 的液位基本保持不变。

（9）实验结束后，关闭各进料泵，关闭塔釜加热电源。待塔顶温度接近室温后，关闭冷却水泵。

（10）待塔釜内液体冷却后，将里面的液体回收。

（11）关闭仪表电源，最后关闭总电源。

八、操作规程

（1）学生进入实验室前需穿戴整齐，严禁穿高跟鞋，严禁披长发。

（2）严禁携带易燃易爆物品进入实验室，严禁在实验室吸烟。

（3）学生在操作实验前必须提前做好预习报告，熟悉装置原理及工艺流程。

（4）开车前，指导老师要进行安全教育及介绍装置的操作方法。

（5）在开启电源前，应先检查实验室电压是否正常，装置是否接地，控制柜仪表开关和电源开关是否关闭。

（6）学生进行实验时必须服从老师安排，指导老师必须在场监督执行。

（7）实验物料为易燃易爆试剂，实验操作时严禁与装置碰撞、敲打。

（8）采取自动控制时，首先要调整好限位装置，以免超越行程造成事故。

（9）在登塔操作时，必须做好安全措施，作业人员必须系好安全带，边上要有人进行协助。

（10）工作人员饮酒、精神不振时禁止登高作业；患有精神病、癫痫病、高血压、心脏病等疾病的人不准参加高处作业；患深度近视眼病的人员也不宜从事高处作业。

（11）要进行中高压实验时，操作人员需经压力容器操作安全培训合格，方能独立操作。

（12）学生在操作时遇到问题要及时向指导老师反映，严禁随意改动仪表设置参数。

（13）实验结束后，应检查电源及进水阀门是否关闭，实验人员必须把实验室卫生打扫干净后方可离开。

实验十八 乙烯裂解半实体装置实训及仿真实验

一、工艺流程简介

（一）工作原理

乙烯车间裂解单元是乙烯装置的主要组成部分之一。裂解是指烃类在高温下，发生碳链断裂或脱氢反应，生成烯烃和其他产物的过程。

裂解炉进料预热系统利用急冷水热源，将石脑油预热到60℃，送入裂解炉裂解。

裂解炉系统利用高温、短停留时间、低烃分压的操作条件，裂解石脑油等原料，生产富含乙烯、丙烯和丁二烯的裂解气，送至急冷系统冷却。

（二）流程说明

来自罐区的石脑油原料在送到裂解炉之前由急冷水预热至60℃。被裂解炉烟道气进一步预热后，液体进料在180℃条件下进入炉子裂解。在注入稀释蒸汽之前，将上述烃进料按一定的流量送到各个炉管。烃类/蒸汽混合物返回对流段，在进入裂解炉辐射管之前预热至横跨温度，在裂解炉辐射管中原料被裂解。辐射管出口与急冷换热器（TLE）相连，TLE利用裂解炉流出物的热量生产超高压蒸汽。

TLE通过同每一台裂解炉的汽包相连的热虹吸系统，在12.4MPa的压力条件下生产超高压（SS）蒸汽。锅炉给水（BFW）由烟道气预热后进入锅炉蒸汽汽包。蒸汽包排出的饱和蒸汽在裂解炉对流段中由烟道气过热至400℃。通过在过热蒸汽中注入锅炉给水来控制过热器的出口温度。温度调节以后的蒸汽返回对流段并最终过热至所需的温度（520℃）。

来自裂解炉TLE的流出物由装在TLE出口处的急冷器用急冷油进行急冷，混合以后送至油冷塔。

二、工艺卡片

项目	单位	正常值	控制指标	项目	单位	正常值	控制指标
石脑油进料量	t/h	36	35.8～36.2 （35.5～36.5）	炉膛负压	Pa	－30	－29.8～－30.2 （－28.8～－31.2）
裂解炉出口温度	℃	832	832.2～832.2 （830.5～833.5）	汽包压力	MPa	12.4	12.3～12.5 （12.0～12.8）
急冷器出口温度	℃	213	212.5～213.5 （211.5～214.5）	汽包液位	%	60	58～62 （50～70）
一段SS出口温度	℃	400	399～401 （395～405）	裂解炉烟气含量	%	4	3.95～4.05 （3.8～4.2）
二段SS出口温度	℃	520	519～521 （515～525）				

注：控制指标参数括号里是允许偏差的最大范围，在这个范围内可以得分（偏离越小分数越高），超出则不得分，如控制在不带括号范围则可以得满分。

三、设备列表

序号	位　号	名　称	说　明	序号	位　号	名　称	说　明
1	D101	蒸汽汽包		6	L102	油急冷器	
2	E101	TLE 换热器		7	M101	蒸汽减温器	
3	E102	TLE 换热器		8	M102	蒸汽减温器	
4	F101	裂解炉		9	C101	裂解炉引风机	
5	L101	油急冷器		10	D102	烧焦罐	

四、仪表列表

点　　名	单位	正常值	控制范围	描　　述
AI1101	%	4	0～21	F101 烟气氧含量
FIC1101	t/h	9.0	0～18	原料油一路进料
FIC1102	t/h	9.0	0～18	原料油二路进料
FIC1103	t/h	9.0	0～18	原料油三路进料
FIC1104	t/h	9.0	0～18	原料油四路进料
FIC1105	t/h	4.5	0～9	稀释蒸汽一路进料
FIC1106	t/h	4.5	0～9	稀释蒸汽二路进料
FIC1107	t/h	4.5	0～9	稀释蒸汽三路进料
FIC1108	t/h	4.5	0～9	稀释蒸汽四路进料
FIC1110	t/h	36.0	0～80	原料油总进料
FI1111	t/h	20.0	0～100	锅炉给水流量
FI1112	t/h	28.0	0～100	过热蒸汽流量
LIC1101	%	60	0～100	蒸汽汽包液位
PIC1101	Pa	－30	－100～0	F101 炉膛负压
PI1103	MPa	12.4	0～100	D101 压力
PIC1104	kPa	85	0～300	F101 侧壁燃料气压力
PIC1105	kPa	166	0～500	F101 底部燃料气压力
TIC1101	℃	180	0～300	原料油经烟道气预热后温度
TIC1102	℃	213	0～426	L101 出口温度
TIC1103	℃	213	0～426	L102 出口温度

点　名	单位	正常值	控制范围	描　述
TIC1104	℃	932	0～1300	F101 裂解气温度
TIC1105	℃	400	0～800	ME101 出口温度
TIC1106	℃	520	0～1000	ME102 出口温度
TI1107	℃	60	0～1000	原料预热后温度
TI1108	℃	660	0～1000	对流室进辐射室一路温度
TI1109	℃	660	0～1000	对流室进辐射室二路温度
TI1110	℃	660	0～1000	对流室进辐射室三路温度
TI1111	℃	660	0～1000	对流室进辐射室四路温度
TI1112	℃	832	0～1000	裂解炉出口一路温度
TI1113	℃	832	0～1000	裂解炉出口二路温度
TI1114	℃	832	0～1000	裂解炉出口三路温度
TI1115	℃	832	0～1000	裂解炉出口四路温度
TI1116	℃	450	0～1000	E101 出口温度
TI1117	℃	450	0～1000	E102 出口温度
TI1118	℃	320	0～1000	蒸汽汽包温度
TI1119	℃	200	0～1000	稀释蒸汽入口温度
TI1120	℃	1160	0～2000	F101 炉膛温度
TI1121	℃	130	0～1000	烟气出口温度

五、现场阀列表

现场阀门位号	描　述	现场阀门位号	描　述
VI1F101	石脑油进料边界阀	VX3D101	汽包顶部放空阀
VI2F101	稀释蒸汽进料边界阀	VX1F101	过热蒸汽至消音器阀
VI3F101	裂解气至急冷出口阀	VX2F101	过热蒸汽至管网阀
VI4F101	裂解气清焦线出口阀	VX3F101	底部风门
VI5F101	侧壁燃料气入口阀	VX4F101	左侧壁风门
VI6F101	底部燃料气入口阀	VX5F101	右侧壁风门
VI7F101	点火气入口阀	XV1101	石脑油进料切断阀
VI8F101	稀释蒸汽旁路阀	XV1102	点火气进料切断阀

续表

现场阀门位号	描　　述	现场阀门位号	描　　述
VI1D101	锅炉给水边界阀	XV1103	底部燃料气切断阀
VX1D101	汽包间歇排污阀	XV1104	侧壁燃料气切断阀
VX2D101	汽包连续排污阀	XV1105	汽包顶部紧急放空阀

六、复杂控制说明

串级控制

(1) FIC1110 和 FIC1101～FIC1104　原料油总流量与裂解炉单个炉管的进料量串级控制，保持 F101 进料总量。

(2) TIC1104 和 PIC1104　利用侧壁燃料气压力来控制 F101 裂解气出口温度。

七、操作规程

(一) 正常开车

1. 开车前的准备工作

(1) 向汽包内注水

① 打开汽包顶部放空阀 VX3D101。

② 打开锅炉给水边界阀 VI1D101，慢开 LIC1101 的旁路阀 LV1101B 向汽包注 BFW。

③ 汽包液位达到 40%时，打开汽包间歇排污阀 VX1D101。

④ 将汽包液位控制在 60%。

(2) 将稀释蒸汽 DS 引至炉前　打开稀释蒸汽进料边界阀 VI2F101 将 DS 引到炉前，打开稀释蒸汽导淋阀 VI3E103，排出管内冷凝水后（10s 后），关闭导淋阀。

(3) 燃料系统

① 建立炉膛负压。

② 打开底部风门 VX3F101。

③ 打开左侧壁风门 VX4F101。

④ 打开右侧壁风门 VX5F101。

⑤ 启动引风机 Y101。

⑥ 用 PIC1101 将炉膛压力调节到－30Pa。

⑦ 打开侧壁燃料气入口阀 VI5F101 和电磁阀 XV1004，打开底部燃料气入口阀 VI6F101 和电磁阀 XV1003。

2. 裂解炉的点火、升温

① 确认汽包液位控制在 60%。

② 打开裂解气清焦线出口阀 VI4F101，打通 DS 流程。

③ 打开点火气入口阀 VI7F101 和 XV1002，将燃料气引至点火烧嘴（长明灯）。

④ 点燃底部长明灯点火烧嘴（用鼠标左键单击火嘴分布图中间长明灯火嘴）。

⑤ 将底部燃料气引至火嘴前，稍开 PIC1105，压力控制在 50kPa 以下。

⑥ 点燃底部火嘴。按照升温速率曲线来增加点火数目。(详见火嘴分布图)

⑦ 当 COT 达到 200℃时，通过 FIC1105～FIC1108 向炉管内通入 DS 蒸汽，控制四路炉管 DS 流量均匀防止偏流对炉管造成损坏。

⑧ 将侧壁燃料气引至火嘴前，稍开 PIC1104，压力控制在 30kPa 以下。

⑨ 根据炉膛温度点燃侧壁火嘴（详见火嘴分布图）。

⑩ 当汽包压力超过 0.15MPa 关闭汽包顶部放空阀，并控制压力上升。

⑪ 当 COT 达到 200℃时，稍开过热蒸汽至消声器阀 VX1F101，使汽包产生的蒸汽由消音器放空。

⑫ 整个过程中，注意控制汽包液位 LIC1101、炉膛负压 PIC1101 和烟气氧含量。

⑬ 继续增加点燃的火嘴按照升温速率曲线升温。(详见升温曲线图)

⑭ 根据 COT 的变化增加 DS 量。

COT：200～550℃	正常 DS 流量的 100％
COT：550～760℃	正常 DS 流量的 120％
COT：760～投油温度	正常 DS 流量的 100％

⑮ 当 SS 过热温度 TIC1106 达到 450℃时，应通过控制阀注入少量无磷水，将蒸汽温度控制在 520℃左右。当 SS 过热温度 TIC1105 达到 400℃，应通过控制阀注入少量无磷水，将蒸汽温度控制在 400℃左右。

⑯ 当烟气温度超过 220℃，打开稀释蒸汽旁路阀 VI8F101。打开 FIC1101～FIC1104 阀门，引适量的 DS 进入石脑油进料管线，防止炉管损坏。

3. 过热蒸汽备用状态

① 将 COT 维持在 760℃，DS 通入量为正常量的 120％。

② 当 COT 大于 760℃手动逐渐关闭过热蒸汽至消声器阀 VX1F101，使 SS 压力升至 12.4MPa（g）后，打开过热蒸汽至管网阀 VX2F101，将其并入高压蒸汽管网。

③ 打开 LIC1101，关闭旁路阀 LV1101B。

将汽包液位 LIC1101 控制在 60％投自动。

④ 根据工艺条件投用相应的联锁。

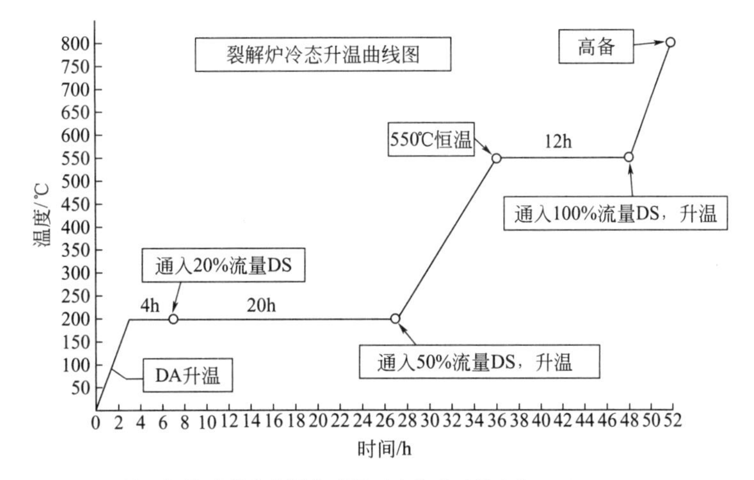

注：加热过程中实际的时间对应仿真时钟比为：1h：15s。

4. 连接急冷部分

① 在COT温度TIC1104稳定在760℃后，关闭裂解气清焦线出口阀VI4F101，打开裂解气至急冷出口阀VI3F101，将流出物从清焦线切换至输送线。

② 迅速打开急冷油总管阀门TV1102和TV1103。

③ 投用急冷油，投用急冷器出口温度控制TIC1102、TIC1103，将急冷器出口温度TIC1102、TIC1103控制在213℃。

5. 投油操作

① 打开石脑油进料边界阀VI1F101及电磁阀XV1001。

② 经过FIC1101～FIC1104阀门投石脑油，通过PIC1104、PIC1105增加燃料气压力，保持COT不低于760℃，并迅速升温至832℃。

③ 在尽可能短的时间内将进料量增加到正常值FIC1110控制在36.0t/h。

④ 迅速关闭稀释蒸汽旁路阀VI8F101。

⑤ 将石脑油裂解的COT增加至正常操作温度，TIC1104控制832℃。并迅速将DS减至正常值FIC1105～FIC1106控制4.5t/h。同时将COT稳定在832℃，并将TIC1104、PIC1104投串级控制。

（二）正常停车

（1）降负荷、停烃进料

① 逐步将烃进料降低至70%，同时适当加大DS流量至120%，适当降低COT温度至800℃。

② 停烃进料：在5～10min内减少至零，同时提高DS流量，以控制炉出口温度稳定在760～800℃之间，同时按点火相反的顺序熄灭部分火嘴。

③ 停进料后，关石脑油进料边界阀VI1F101，打开稀释蒸汽旁路阀VI8F101用蒸汽吹扫隔离阀下游的烃进料管线。

④ 将DS增至设计量的180%维持炉出口温度在760～800℃，同时调节风门以控制炉膛负压在−30Pa左右，控制烟气氧含量。

⑤ 停急冷油，打开裂解气清焦线出口阀VI4F101，同时关闭裂解气至急冷出口阀VI3F101。

（2）停炉

① 保持设计值的100%的DS量。冷却速率为50～100℃/min，直至COT达760℃。

② 逐个熄灭火嘴。按50～100℃/min的速率当COT温度低于400℃时将TLE的蒸汽包排放至常压。SS改由过热蒸汽至消音器阀放空，注意汽包液位。

③ 继续熄灭火嘴，且减小DS量，当炉管出口温度低于200℃时，中断DS，全关烧嘴，关燃料气截止阀侧壁燃料气入口阀VI5F101，底部燃料气入口阀VI6F101，稀释蒸汽进料边界阀VI2F101，关过热蒸汽至消音器阀VX1F101。关锅炉给水边界阀VI1D101。

（三）异常处理

（1）长时间停电

原因：电源故障。

现象：装置停电，乙烯装置联锁停车。

处理方法：

① 关石脑油进料边界阀 VI1F101，所有燃料（长明线除外）全部关闭，将 DS 流量设定到正常的 100%，炉底和侧壁烧嘴全部关闭。

② 手动全开烟道挡板，建立炉膛负压。

③ 打开稀释蒸汽旁路阀 VI8F101 用蒸汽吹扫隔离阀下游的烃进料管线。

④ 打开裂解气清焦线出口阀 VI4F101，同时关裂解气至急冷出口阀 VI3F101。

⑤ SS 改由过热蒸汽至消音器阀 VX1F101 放空，当 COT 温度低于 400℃时将 TLE 的蒸汽包排放至常压，注意汽包液位。

⑥ 当炉管出口温度低于 200℃时，中断 DS，关燃料气截止阀，DS 截止阀，关过热蒸汽至消音器阀 VX1F101。关锅炉给水边界阀 VI1D101。

（2）脱盐水中断

原因：脱盐水中断。

现象：脱盐水中断，减温器后温度上升。

处理方法：

① 关石脑油进料边界阀 VI1F101，所有燃料（长明线除外）全部关闭，将 DS 流量设定到正常的 100%，炉底和侧壁烧嘴全部关闭。

② 调节引风机挡板将炉膛负压控制在工艺范围之内。

③ 打开稀释蒸汽旁路阀 VI8F101 用蒸汽吹扫隔离阀下游的烃进料管线。

④ 停急冷油，打开裂解气清焦线出口阀 VI4F101，同时关裂解气至急冷出口阀 VI3F101。

⑤ SS 改由过热蒸汽至消音器阀 VX1F101 放空，当 COT 温度低于 400℃时将 TLE 的蒸汽包排放至常压，注意汽包液位。

⑥ 当炉管出口温度低于 200℃时，中断 DS，关燃料气截止阀、DS 截止阀，关过热蒸汽至消音器阀 VX1F101。关锅炉给水边界阀 VI1D101。

（3）锅炉给水故障

原因：锅炉给水中断。

现象：汽包液位下降。

处理方法：

① 关石脑油进料边界阀 VI1F101，所有燃料（长明线除外）全部关闭，将 DS 流量设定到正常的 100%，炉底和侧壁烧嘴全部关闭。

② SS 改由过热蒸汽至消音器阀 VX1F101 放空，注意汽包液位。

③ 调节引风机挡板将炉膛负压控制在工艺范围之内。

④ 打开稀释蒸汽旁路阀 VI8F101 用蒸汽吹扫隔离阀下游的烃进料管线。

⑤ 停急冷油，打开裂解气清焦线出口阀 VI4F101，同时关裂解气至急冷出口阀 VI3F101。

⑥ 当 COT 温度低于 400℃时将 TLE 的蒸汽包排放至常压。

⑦ 当炉管出口温度低于 200℃时，中断 DS，关燃料气截止阀，DS 截止阀，关过热蒸汽

至消音器阀 VX1F101。关锅炉给水边界阀 VI1D101。

(4) 燃料气中断

原因：燃料气中断。

现象：联锁跳闸。

处理方法：

① 因燃料气中断而联锁跳闸，关石脑油进料边界阀 VI1F101，所有燃料（长明线除外）全部关闭，将 DS 流量设定到正常的 100%，炉底和侧壁烧嘴全部关闭。

② 调节引风机挡板将炉膛负压控制在工艺范围之内。

③ 打开稀释蒸汽旁路阀 VI8F101 用蒸汽吹扫隔离阀下游的烃进料管线。

④ 停急冷油，打开裂解气清焦线出口阀 VI4F101，同时关裂解气至急冷出口阀 VI3F101。

⑤ SS 改由过热蒸汽至消音器阀 VX1F101 放空，当 COT 温度低于 400℃时将 TLE 的蒸汽包排放至常压，注意汽包液位。

⑥ 当炉管出口温度低于 200℃时，中断 DS，关燃料气截止阀，DS 截止阀，关过热蒸汽至消音器阀 VX1F101。关锅炉给水边界阀 VI1D101。

(四) 应急预案

1. 裂解炉炉管破裂泄漏着火事故应急预案

(1) 作业状态　裂解炉 F101 处于正常生产状况，各工艺指标操作正常。

(2) 事故描述　裂解炉炉管破裂泄漏着火。

(3) 应急处理程序　注：下列命令和报告除特殊标明外，都是用对讲机来进行。

① 室内主操正在监控 DCS，突然发现炉膛温度上升，加热炉出口温度升高，炉膛氧含量下降。马上报告班长：“裂解炉可能出现问题”，班长命令外操员“立即去事故现场检查”。

② 外操员佩戴空气呼吸器及取 F 型扳手，迅速去事故现场。出门后看到裂解炉烟筒冒黑烟，马上报告班长：“裂解炉炉管破裂泄漏着火”。

③ 班长接到外操员的报警后，立即使用广播：启动《车间泄漏应急预案》；命令安全员“请组织人员到门口拉警戒绳”；接着用中控室岗位电话向调度室报告发生泄漏（电话号码，××××××××，电话内容：“裂解炉炉管破裂泄漏着火，已启动应急预案”）。

④ 班长从中控室的物资柜中取空气呼吸器佩戴好并携带扳手，迅速去事故现场。

⑤ 班长命令室内主操员：“系统按紧急停车处理”。室内主操员接到停车命令后，启动室内岗位第一轮处理方案：手动关闭 PIC1105 底部燃料气阀和 PIC1104 侧壁部燃料气阀停止裂解炉燃料。将 DS 流量设定到正常的 100%。

⑥ 班长命令外操员：“立即去事故现场紧急停车”。关石脑油进料边界阀 VI1F101。所有火嘴燃料气阀（长明线除外）全部关闭（包括底部和侧壁）。

⑦ 主操调节引风机挡板将炉膛负压控制在工艺范围之内。

⑧ 外操员打开稀释蒸汽旁路阀 VI8F101 用蒸汽吹扫隔离阀下游的烃进料管线。

⑨ 停急冷油，打开裂解气清焦线出口阀 VI4F101，同时关裂解气至急冷出口阀 VI3F101。

⑩ SS 改由过热蒸汽至消音器阀放空，当 COT 温度低于 400℃时将 TLE 的蒸汽包排放

至常压，注意汽包液位。

⑪ 当炉管出口温度低于200℃时，中断DS，关燃料气截止阀，DS截止阀，关过热蒸汽至消音器阀VX1F101。关锅炉给水边界阀VI1D101。

⑫ 室内主操员启动室内岗位第二轮处理方案：手动关闭FIC1101、FIC1102、FIC1103、FIC1104、FIC1105、FIC1106、FIC1107、FIC1108。

⑬ 主操操作完毕后向班长报告："装置按紧急停车程序处理完毕，裂解炉正在自然降温手动关闭了原料进装置和产品出装置阀"。此时火已熄灭。

⑭ 外操员操作完毕后向班长报告："装置紧急停车完毕"。

⑮ 班长接到外操员和室内主操员汇报后，经检查无误，向调度汇报："装置已按应急预按处理完毕，裂解炉正在自然降温"。车间紧急停车应急预案结束。

⑯ 班长广播：解除事故预案。车间紧急停车应急预案结束。

2. 急冷油管破裂着火事故应急预案

(1) 作业状态　裂解炉F101处于正常生产状况，各工艺指标操作正常。

(2) 事故描述　急冷油管破裂泄漏着火。

(3) 应急处理程序　注：下列命令和报告除特殊标明外，都是用对讲机来进行。

① 室内主操正在监控DCS，突然发现裂解气去后系统温度上升，马上报告班长："急冷油可能出现问题"，班长命令外操员"立即去事故现场检查"。

② 外操员佩戴空气呼吸器及取F型扳手。迅速去事故现场。出门后看到裂解6～7层平台冒黑烟，爬上去看到急冷油环管与急冷油连接处着火。马上报告班长："急冷油泄漏着火"。并取附近的灭火器进行施救。由于油温较高，火不能扑灭，汇报班长"尝试灭火，但火没有灭掉"。

③ 班长接到外操员的报警后，立即使用广播：启动《车间泄漏着火应急预案》；命令安全员"请组织人员到门口拉警戒绳"；接着用中控室岗位电话向调度室报告发生泄漏（电话号码，××××××××，电话内容："急冷油管破裂泄漏着火，已启动应急预案"）。

④ 班长从中控室的物资柜中取空气呼吸器佩戴好并携带扳手，迅速去事故现场。

⑤ 班长命令主操"请拨打电话119，报火警"。

⑥ 主操听到班长通知后，打119报火警"裂解炉急冷油管破裂泄漏着火，火势无法控制，请派消防车，报警人张某"。

⑦ 班长命令安全员"请组织人员到1号门口引导消防车"。

⑧ 安全员收到班长命令后，从中控室的工具柜中取防毒面罩佩戴好，携带警戒绳，去1号大门口。到达后立即拉警戒绳（自动完成）。

⑨ 班长命令室内主操员"系统按紧急停车处理"。室内主操员接到停车命令后，启动室内岗位第一轮处理方案：手动关闭PIC1105底部燃料气阀和PIC1104侧壁部燃料气阀停止裂解炉燃料。将DS流量设定到正常的100%。

⑩ 班长命令外操员"立即去事故现场紧急停车"。关石脑油进料边界阀VI1F101。所有火嘴燃料气阀（长明线除外）全部关闭（包括底部和侧壁）。

⑪ 调节引风机挡板将炉膛负压控制在工艺范围之内。打开稀释蒸汽旁路阀VI8F101用蒸汽吹扫隔离阀下游的烃进料管线。

⑫ 停急冷油，打开裂解气清焦线出口阀 VI4F101，同时关裂解气至急冷出口阀 VI3F101。

⑬ SS 改由过热蒸汽至消音器阀放空，当 COT 温度低于 400℃时将 TLE 的蒸汽包排放至常压，注意汽包液位。

⑭ 当炉管出口温度低于 200℃时，中断 DS，关燃料气截止阀，DS 截止阀，关过热蒸汽至消音器阀 VX1F101。关汽锅炉给水边界阀 VI1D101。

⑮ 安全员听到班长命令，打开消防通道，引导消防车进入事故现场。消防车到现场将实施救火（自动完成）。

⑯ 室内主操员启动室内岗位第二轮处理方案：手动关闭 FIC1101、FIC1102、FIC1103、FIC1104、FIC1105、FIC1106、FIC1107、FIC1108。

⑰ 主操并向班长报告："装置按紧急停车程序处理完毕，裂解炉正在自然降温手动关闭了原料进装置和产品出装置阀"。此时火已熄灭。

⑱ 外操员在做完上述工作后向班长报告："装置紧急停车完毕"。

⑲ 班长接到外操员和室内主操员汇报后，经检查无误，向调度汇报："装置已按应急预按处理完毕，裂解炉正在自然降温"。车间紧急停车应急预案结束。

⑳ 班长广播：解除事故预案。车间紧急停车应急预案结束。

3. 燃料气泄漏着火事故应急预案

（1）作业状态　裂解炉 F101 处于正常生产状况，各工艺指标操作正常。

（2）事故描述　燃料气泄漏着火。

（3）应急处理程序　注：下列命令和报告除特殊标明外，都是用对讲机来进行。

① 外操员正在巡回检查，走到 F101 裂解炉附近看到燃料气调节阀法兰处泄漏着火，且火势较大。外操员立即向班长汇报" 裂解炉燃料气调节阀法兰处泄漏着火，且火势较大"。然后外操员返回中控室佩戴空气呼吸器及取 F 型扳手，迅速去事故现场，利用消防炮进行降温。

② 班长接到外操员的报警后，立即使用广播：启动《车间泄漏着火应急预案》；命令安全员"请组织人员到门口拉警戒绳"；接着用中控室岗位电话向调度室报告发生泄漏（电话号码，×××××××××，电话内容："裂解炉燃料气调节阀法兰处泄漏着火，且火势较大，已启动应急预案"）。班长从中控室的物资柜中取空气呼吸器佩戴好并携带扳手，迅速去事故现场。

③ 班长命令主操"请拨打电话 119，报火警"。

④ 室内主操拨打电话 119，电话内容："裂解炉燃料气调节阀法兰处泄漏着火，且火势较大，请派消防车，报警人张某"。

⑤ 班长命令安全员"请组织人员到 1 号门口引导消防车"。

⑥ 安全员收到班长命令后，从中控室的工具柜中取防毒面罩佩戴好，携带警戒绳，去 1 号大门口。到达后立即拉警戒绳（自动完成）

⑦ 班长命令室内主操员"系统按紧急停车处理"。室内主操员接到停车命令后，启动室内岗位第一轮处理方案：手动关闭 PIC1105 底部燃料气阀和 PIC1104 侧壁部燃料气阀停止裂解炉燃料。将 DS 流量设定到正常的 100%。

⑧ 班长命令外操员“立即去事故现场紧急停车”。关石脑油进料边界阀 VI1F101。所有火嘴燃料气阀（长明线除外）全部关闭（包括底部和侧壁）。

⑨ 调节引风机挡板将炉膛负压控制在工艺范围之内。

⑩ 打开稀释蒸汽旁路阀 VI8F101 用蒸汽吹扫隔离阀下游的烃进料管线。

⑪ 停急冷油，打开裂解气清焦线出口阀 VI4F101，同时关裂解气至急冷出口阀 VI3F101。

⑫ SS 改由过热蒸汽至消声器阀放空，当 COT 温度低于 400℃时将 TLE 的蒸汽包排放至常压，注意汽包液位。

⑬ 当炉管出口温度低于 200℃时，中断 DS，关燃料气截止阀，DS 截止阀，关过热蒸汽至消声器阀 VX1F101。关锅炉给水边界阀 VI1D101。

⑭ 安全员听到班长命令，打开消防通道，引导消防车进入事故现场。消防车到现场将实施救火（自动完成）。

⑮ 室内主操员启动室内岗位第二轮处理方案：手动关闭 FIC1101、FIC1102、FIC1103、FIC1104、FIC1105、FIC1106、FIC1107、FIC1108。

⑯ 主操向班长报告：“装置按紧急停车程序处理完毕，裂解炉正在自然降温手动关闭了原料进装置和产品出装置阀”。此时火已熄灭。

⑰ 外操员在做完上述工作后向班长报告：“装置紧急停车完毕”。

⑱ 班长接到外操员和室内主操员汇报后，经检查无误，向调度汇报：“装置已按应急预按处理完毕，裂解炉正在自然降温”。车间紧急停车应急预案结束。

⑲ 班长广播：解除事故预案。车间紧急停车应急预案结束。

八、联锁说明

联锁系统的起因及结果如下。

序号	联锁号	联锁原因	设定值	旁路	动作结果
1	PB1101	裂解炉停车		无	详见联锁逻辑图
2	LSLL1102	蒸汽发生器液位	10.0%	有	详见联锁逻辑图
3	FSLL1103	锅炉给水流量	0.5t/h	有	详见联锁逻辑图
4	PB1104	引风机跳闸		有	详见联锁逻辑图
5	TSHH1105	蒸汽温度过热	600℃	有	详见联锁逻辑图
6	TSHH1106A、B	急冷气体温度	500℃	无	详见联锁逻辑图
7	PSLL1107	石脑油进料压力低	10kPa(g)	有	详见联锁逻辑图
8	PSLL1108	底部燃料气压力低	8kPa(g)	有	详见联锁逻辑图
9	PSLL1109	侧壁燃料气压力低	8kPa(g)	有	详见联锁逻辑图
10	PSLL1111	底部点火气压力低	8kPa(g)	有	详见联锁逻辑图

联锁逻辑图如下。

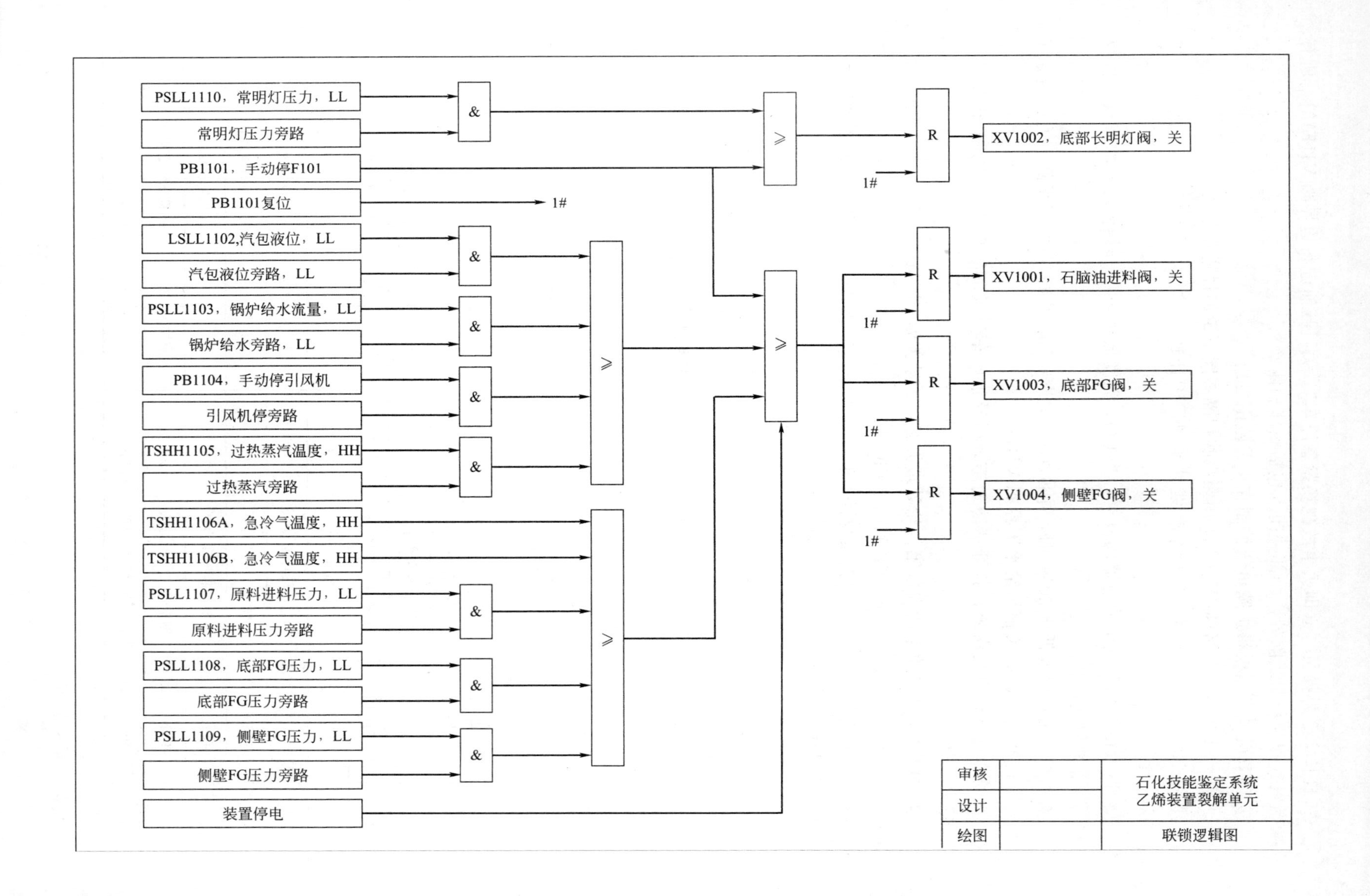
PSLL1110，常明灯压力，LL
常明灯压力旁路
PB1101，手动停F101
PB1101复位
1#
LSLL1102,汽包液位，LL
汽包液位旁路，LL
PSLL1103，锅炉给水流量，LL
锅炉给水旁路，LL
PB1104，手动停引风机
引风机停旁路
TSHH1105，过热蒸汽温度，HH
过热蒸汽旁路
TSHH1106A，急冷气温度，HH
TSHH1106B，急冷气温度，HH
PSLL1107，原料进料压力，LL
原料进料压力旁路
PSLL1108，底部FG压力，LL
底部FG压力旁路
PSLL1109，侧壁FG压力，LL
侧壁FG压力旁路
装置停电
&
≥
R
XV1002，底部长明灯阀，关
XV1001，石脑油进料阀，关
XV1003，底部FG阀，关
XV1004，侧壁FG阀，关
审核
设计
绘图
石化技能鉴定系统
乙烯装置裂解单元
联锁逻辑图

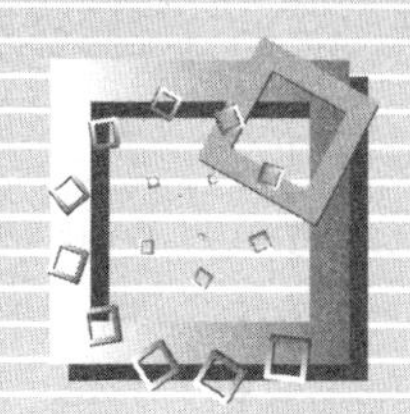

附　录

附录 1 单位换算

在化工实验、数据处理和模型计算过程中涉及的量纲较多，国外很多文献仍习惯于采用英制单位，为方便进行各物理量之间的换算，下面列出常用物理量的国际标准和英制标准的量纲换算。

【面积换算】

1km^2(平方公里)＝100ha(公顷)＝247.1acre(英亩)＝0.386mile^2(平方英里)

1m^2(平方米)＝10.764ft^2(平方英尺)

1in^2(平方英寸)＝6.452cm^2(平方厘米)

1ha(公顷)＝10000m^2(平方米)＝2.471acre(英亩)

1acre(英亩)＝0.4047ha(公顷)＝4.047×10^{-3}km^2(平方公里)＝4047m^2(平方米)

1ft^2(平方英尺)＝0.093m^2(平方米)

1m^2(平方米)＝10.764ft^2(平方英尺)

1yd^2(平方码)＝0.8361m^2(平方米)

1mile^2(平方英里)＝2.590km^2(平方公里)

【体积换算】

1gi(美吉耳)＝0.118L(升)

1pt(美品脱)＝0.473L(升)

1qt(美夸脱)＝0.946L(升)

1gal(美加仑)＝3.785L(升)

1bbl(桶)＝0.159m^3(立方米)＝42gal(美加仑)

1 英亩·英尺＝1234m^3(立方米)

1in^3(立方英寸)＝16.3871cm^3(立方厘米)

1gal(英加仑)=4.546L(升)

$1ft^3$(立方英尺)=0.0283m^3(立方米)=28.317L(升)

$1m^3$(立方米)=1000L(升)=35.315ft^3(立方英尺)=6.29bbl(桶)

【长度换算】

1km(千米)=0.621mile(英里)

1m(米)=3.281ft(英尺)=1.094yd(码)

1cm(厘米)=0.394in(英寸)

1in(英寸)=2.54cm(厘米)

1nmile(海里)=1.852km(千米)

1fm(英寻)=1.829(m)

1yd(码)=3ft(英尺)

1rad(杆)=16.5ft(英尺)

1mile(英里)=1.609km(千米)

1ft(英尺)=12in(英寸)

1mile(英里)=5280ft(英尺)

1nmile(海里)=1.1516mile(英里)

【质量换算】

1long ton(长吨)=1.016t(吨)

1kg(千克)=2.205b(磅)

1lb(磅)=0.454kg(千克)[常衡]

1oz(盎司)=28.350g(克)

1sh. ton(短吨)=0.907t(吨)=2000lb(磅)

1t(吨)=1000kg(千克)=2205lb(磅)=1.102sh. ton(短吨)=0.984long ton(长吨)

【密度换算】

$1lb/ft^3$(磅/立方英尺)=16.02kg/m^3(千克/立方米)

API度=141.5/15.5℃时的密度-131.5

1lb/gal(磅/英加仑)=99.776kg/m^3(千克/立方米)

1°Bé(波美密度)=140/15.5℃时的密度-130

$1lb/in^3$(磅/立方英寸)=27679.9kg/m^3(千克/立方米)

1lb/gal(磅/美加仑)=119.826kg/m^3(千克/立方米)

1lb/bbl[磅/(石油)桶]=2.853kg/m^3(千克/立方米)

$1kg/m^3$(千克/立方米)=0.001g/cm^3(克/立方厘米)=0.0624lb/ft^3(磅/立方英尺)

【运动黏度换算】

1St(斯)=$10^{-4}m^2/s$(平方米/秒)=$1cm^2/s$(平方厘米/秒)

$1ft^2/s$(平方英尺/秒)=$9.29030\times10^{-2}m^2/s$(平方米/秒)

1cSt(厘斯)=$10^{-6}m^2/s$(平方米/秒)=$1mm^2/s$(平方毫米/秒)

【动力黏度换算】

1P(泊)=0.1Pa·s(帕·秒)

1cP(厘泊)=10^{-3}Pa·s(帕·秒)

1lbf·s/ft^2(磅力秒/平方英尺)=47.8803Pa·s(帕·秒)

1kgf·s/m^2(千克力秒/平方米)=9.80665Pa·s(帕·秒)

【力换算】

1N(牛顿)=0.225lbf(磅力)=0.102kgf(千克力)

1kgf(千克力)=9.81N(牛)

1lbf(磅力)=4.45N(牛顿)

1dyn(达因)=10^{-5}N(牛顿)

【温度换算】

$n\text{K}=\frac{5}{9}(n+459.67)$℉

$n\text{K}=n$℃$+273.15$℃

n℃$=\left(\frac{5}{9}n+32\right)$℉

n ℉$=\left[(n-32)\times\frac{5}{9}\right]$℃

1 ℉$=\frac{5}{9}$℃(温度差)

【压力换算】

1bar(巴)=10^5Pa(帕)

1dyn/cm^2(达因/平方厘米)=0.1Pa(帕)

1Torr(托)=133.322Pa(帕)

1mmHg(毫米汞柱)=133.322Pa(帕)

1mmH_2O(毫米水柱)=9.80665Pa(帕)

1 工程大气压=98.0665kPa(千帕)

1kPa(千帕)=0.145psi(磅力/平方英寸)=0.0102kgf/cm^2(千克力/平方厘米)=0.0098atm(大气压)

1psi(磅力/平方英寸)=6.895kPa(千帕)=0.0703kg/cm^2(千克力/平方厘米)=0.0689bar(巴)=0.068atm(大气压)

1atm(物理大气压)=101.325kPa(千帕)=14.696psi(磅/平方英寸)=1.0333bar(巴)

【传热系数换算】

1kcal/(m^2·h)[千卡/(平方米·时)]=1.16279W/m^2(瓦/平方米)

1kcal/(m^2·h·℃)[千卡/(平方米·时·℃)]=1.16279W/(m^2·K)[瓦/(平方米·开尔文)]

1Btu/(ft^2·h·℉)[英热单位/(平方英尺·时·℉)]=5.67826(W/m^2·K)[瓦/(平方米·开尔文)]

1m^2·h·℃/kcal(平方米·时·℃/千卡)=0.86000m^2·K/W(平方米·开尔文/瓦)

【热导率换算】

1kcal/(m·h·℃)[千卡/(米·时·℃)]=1.16279W/(m·K)[瓦/(米·开尔文)]

1Btu/(ft·h·℉)[英热单位/(英尺·时·℉)]=1.7303W/(m·K)[瓦/(米·开尔文)]

【比热容换算】

1kcal/(kg·℃)[千卡/(千克·℃)]=1Btu/(lb·℉)[英热单位/(磅·℉)]=4186.8J/(kg·K)[焦耳/(千克·开尔文)]

【热功换算】

1cal(卡)=4.1868J(焦耳)

1 大卡=4186.75J(焦耳)

1kgf·m(千克力米)=9.80665J(焦耳)

1Btu(英热单位)=1055.06J(焦耳)

1kW·h(千瓦小时)=3.6×10^{6}J(焦耳)

1ft·lbf(英尺磅力)=1.35582J(焦耳)

1hp·h(公制马力小时)=2.64779×10^{6}J(焦耳)

1UKhp·h(英马力小时)=2.68452×10^{6}J(焦耳)

【功率换算】

1Btu/h(英热单位/时)=0.293071W(瓦)

1kgf·m/s(千克力米/秒)=9.80665W(瓦)

1cal/s(卡/秒)=4.1868W(瓦)

1hp(公制马力)=735.499W(瓦)

【速度换算】

1mile/h(英里/时)=0.44704m/s(米/秒)

1ft/s(英尺/秒)=0.3048m/s(米/秒)

【渗透率换算】

1D(达西)=1000mD(毫达西)

1cm^2(平方厘米)=9.81×10^{6}D(达西)

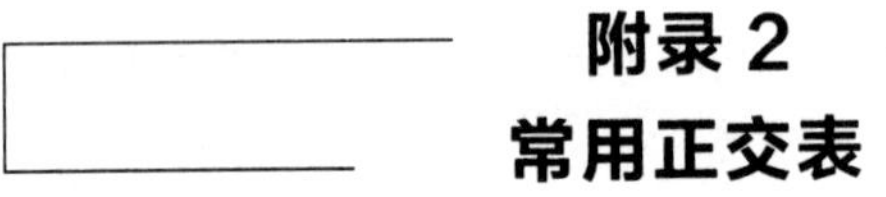

附录 2 常用正交表

L_4 (2^3)

实验号＼列号	1	2	3
1	1	1	1
2	1	2	2
3	2	1	2
4	2	2	1

L_8 (2^7)

实验号 \ 列号	1	2	3	4	5	6	7
1	1	1	1	1	1	1	1
2	1	1	1	2	2	2	2
3	1	2	2	1	1	2	2
4	1	2	2	2	2	1	1
5	2	1	2	1	2	1	2
6	2	1	2	2	1	2	1
7	2	2	1	1	2	2	1
8	2	2	1	2	1	1	2

L_{12} (2^{11})

实验号 \ 列号	1	2	3	4	5	6	7	8	9	10	11
1	1	1	1	1	1	1	1	1	1	1	1
2	1	1	1	1	1	2	2	2	2	2	2
3	1	1	2	2	2	1	1	1	2	2	2
4	1	2	1	2	2	1	2	2	1	1	2
5	1	2	2	1	2	2	1	2	1	2	1
6	1	2	2	2	1	2	2	1	2	1	1
7	2	1	2	2	1	1	2	2	1	2	1
8	2	1	2	1	2	2	2	1	1	1	2
9	2	1	1	2	2	2	1	2	2	1	1
10	2	2	2	1	1	1	1	2	2	1	2
11	2	2	1	2	1	2	1	1	1	2	2
12	2	2	1	1	2	1	2	1	2	2	1

L_9 (3^4)

实验号 \ 列号	1	2	3	4
1	1	1	1	1
2	1	2	2	2
3	1	3	3	3
4	2	1	2	3
5	2	2	3	1
6	2	3	1	2
7	3	1	3	2
8	3	2	1	3
9	3	3	2	1

L_{16} (4^5)

实验号＼列号	1	2	3	4	5
1	1	1	1	1	1
2	1	2	2	2	2
3	1	3	3	3	3
4	1	4	4	4	4
5	2	1	2	3	4
6	2	2	1	4	3
7	2	3	4	1	2
8	2	4	3	2	1
9	3	1	3	4	2
10	3	2	4	3	1
11	3	3	1	2	4
12	3	4	2	1	3
13	4	1	4	2	3
14	4	2	3	1	4
15	4	3	2	4	1
16	4	4	1	3	2

L_{25} (5^6)

实验号＼列号	1	2	3	4	5	6
1	1	1	1	1	1	1
2	1	2	2	2	2	2
3	1	3	3	3	3	3
4	1	4	4	4	4	4
5	1	5	5	5	5	5
6	2	1	2	3	4	5
7	2	2	3	4	5	1
8	2	3	4	5	1	2
9	2	4	5	1	2	3
10	2	5	1	2	3	4
11	3	1	3	5	2	4
12	3	2	4	1	3	5
13	3	3	5	2	4	1
14	3	4	1	3	5	2
15	3	5	2	4	1	3

续表

实验号＼列号	1	2	3	4	5	6
16	4	1	4	2	5	3
17	4	2	5	3	1	4
18	4	3	1	4	2	5
19	4	4	2	5	3	1
20	4	5	3	1	4	2
21	5	1	5	4	3	2
22	5	2	1	5	4	3
23	5	3	2	1	5	4
24	5	4	3	2	1	5
25	5	5	4	3	2	1

L_8（4×2^4）

实验号＼列号	1	2	3	4	5
1	1	1	1	1	1
2	1	2	2	2	2
3	2	1	1	2	2
4	2	2	2	1	1
5	3	1	2	1	2
6	3	2	1	2	1
7	4	1	2	2	1
8	4	2	1	1	2

L_{12}（3×2^4）

实验号＼列号	1	2	3	4	5
1	1	1	1	1	1
2	1	1	1	2	2
3	1	2	2	1	2
4	1	2	2	2	1
5	2	1	2	1	1
6	2	1	2	2	2
7	2	2	1	2	2
8	2	2	1	2	2
9	3	1	2	1	2
10	3	1	1	2	1
11	3	2	1	1	2
12	3	2	2	2	1

L_{16} ($4^4 \times 2^3$)

实验号 \ 列号	1	2	3	4	5	6	7
1	1	1	1	1	1	1	1
2	1	2	2	2	1	2	2
3	1	3	3	3	2	1	2
4	1	4	4	4	2	2	1
5	2	1	2	3	2	2	1
6	2	2	1	4	2	1	2
7	2	3	4	1	1	2	2
8	2	4	3	2	1	1	1
9	3	1	3	4	1	2	2
10	3	2	4	3	1	1	1
11	3	3	1	2	2	2	1
12	3	4	2	1	2	1	2
13	4	1	4	2	2	1	2
14	4	2	3	1	2	2	1
15	4	3	2	4	1	1	1
16	4	4	1	3	1	2	2

附录 3 常用均匀设计表

U_5 (5^4)

实验号 \ 列号	1	2	3	4
1	1	2	3	4
2	2	4	1	3
3	3	1	4	2
4	4	3	2	1
5	5	5	5	5

U_6 (6^6)

列号 / 实验号	1	2	3	4	5	6
1	1	2	3	4	5	6
2	2	4	6	1	3	5
3	3	6	2	5	1	4
4	4	1	5	2	6	3
5	5	3	1	6	4	2
6	6	5	4	3	2	1

U_7 (7^6)

列号 / 实验号	1	2	3	4	5	6
1	1	2	3	4	5	6
2	2	4	6	1	3	5
3	3	6	2	5	1	4
4	4	1	5	2	6	3
5	5	3	1	6	4	2
6	6	5	4	3	2	1
7	7	7	7	7	7	7

U_9 (9^6)

列号 / 实验号	1	2	3	4	5	6
1	1	2	4	5	7	8
2	2	4	8	1	5	7
3	3	6	3	6	3	6
4	4	8	7	2	1	5
5	5	1	2	7	2	4
6	6	3	6	3	6	3
7	7	5	1	8	4	2
8	8	7	5	4	2	1
9	9	9	9	9	9	9

U_{10} (10^{10})

列号 / 实验号	1	2	3	4	5	6	7	8	9	10
1	1	2	3	4	5	6	7	8	9	10
2	2	4	6	8	10	1	3	5	7	9
3	3	6	9	1	4	7	10	2	5	8
4	4	8	1	5	9	2	6	10	3	7
5	5	10	4	9	3	8	2	7	1	6
6	6	1	7	2	8	3	9	4	10	5
7	7	3	10	6	2	9	5	1	8	4
8	8	5	2	10	7	4	1	9	6	3
9	9	7	5	3	1	10	8	6	4	2
10	10	9	8	7	6	5	4	3	2	1

附录 4
甲醛水溶液的密度

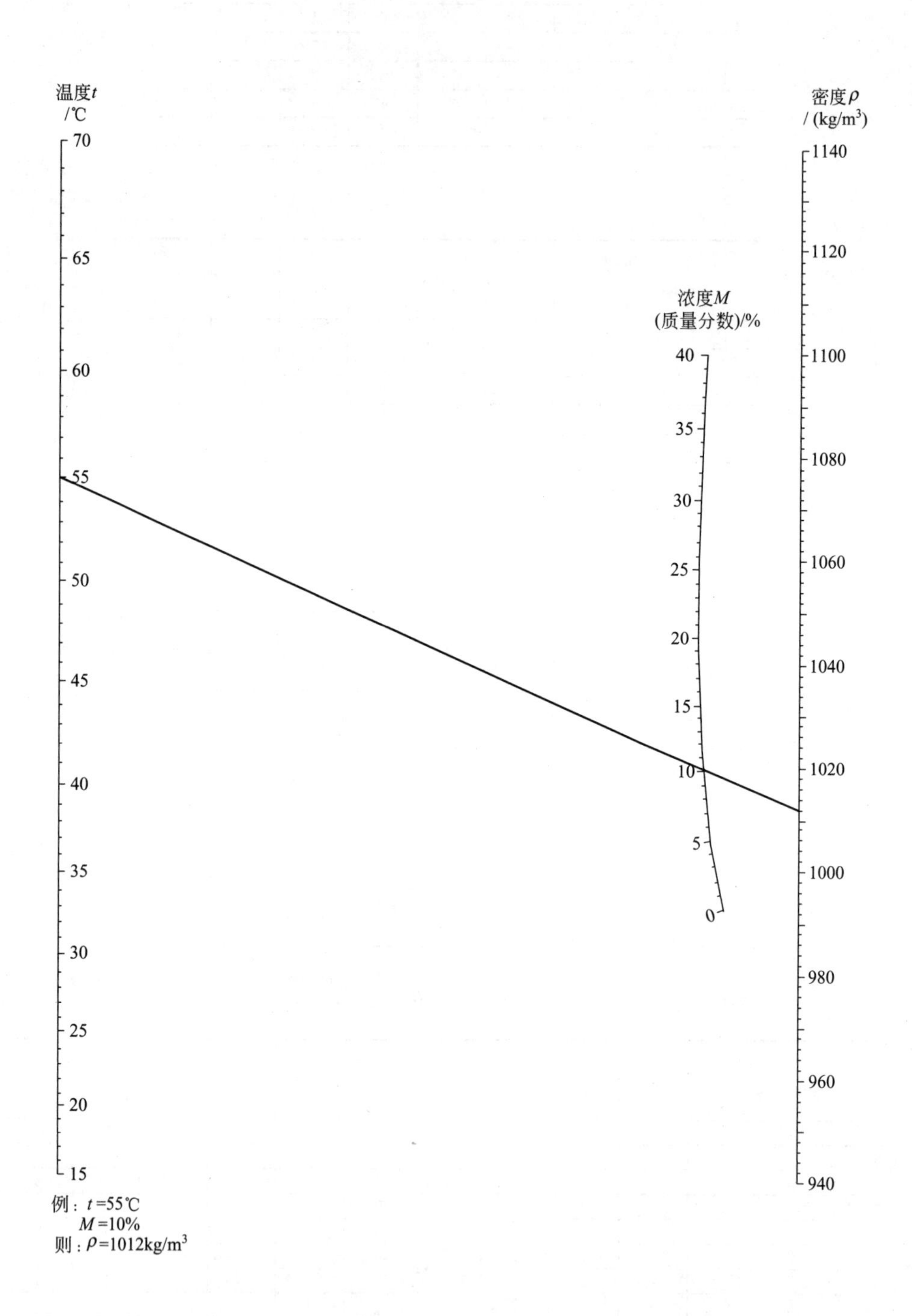

例：t=55℃
M=10%
则：ρ=1012kg/m^3

附录 5
甲醇水溶液的密度

单位：g/cm^3

浓度/%	温度 0℃	温度 10℃	温度 15℃	温度 20℃	备注
1	0.9981	0.9980	0.99727	0.9965	
2	0.9963	0.9962	0.99543	0.9948	
3	0.9946	0.9945	0.99370	0.9931	
4	0.9930	0.9929	0.99198	0.9914	
5	0.9914	0.9912	0.99029	0.9896	
6	0.9899	0.9896	0.98864	0.9880	
7	0.9884	0.9881	0.98701	0.9868	
8	0.9870	0.9865	0.98547	0.9847	
9	0.9856	0.9849	0.98394	0.9831	
10	0.9842	0.9834	0.98241	0.9815	
11	0.9829	0.9820	0.98093	0.9799	
12	0.9816	0.9805	0.97945	0.9784	
13	0.9804	0.9791	0.97802	0.9768	
14	0.9892	0.9778	0.97660	0.9754	
15	0.9780	0.9764	0.97518	0.9740	1%～69%的数据各手册略有出入 温度每增加 1℃，密度+0.009 后查表 温度每减少 1℃，密度−0.009 后查表
16	0.9769	0.9751	0.97377	0.9725	
17	0.9758	0.9739	0.97237	0.9710	
18	0.9747	0.9726	0.97096	0.9696	
19	0.9736	0.9713	0.96955	0.9681	
20	0.9725	0.9700	0.96814	0.9666	
21	0.9714	0.9687	0.96673	0.9651	
22	0.9702	0.9673	0.96533	0.9636	
23	0.9690	0.9660	0.96392	0.9622	
24	0.9678	0.9646	0.96251	0.9607	
25	0.9666	0.9632	0.96108	0.9592	
26	0.9654	0.9618	0.95963	0.9576	
27	0.9642	0.9604	0.95817	0.9562	
28	0.9629	0.9590	0.95668	0.9546	
29	0.9616	0.9575	0.95518	0.9531	
30	0.9604	0.9560	0.95366	0.9515	
31	0.9590	0.9546	0.95213	0.9449	
32	0.9576	0.9531	0.95056	0.9483	

续表

浓度/%	温度 0℃	温度 10℃	温度 15℃	温度 20℃	备注
33	0.9563	0.9516	0.94896	0.9466	
34	0.9549	0.9500	0.94734	0.9450	
35	0.9534	0.9484	0.94570	0.9433	
36	0.9520	0.9469	0.94404	0.9415	
37	0.9505	0.9453	0.94237	0.9398	
38	0.9490	0.9437	0.94067	0.9381	
39	0.9475	0.9420	0.93894	0.9363	
40	0.9459	0.9403	0.93720	0.9345	
41	0.9443	0.9387	0.93543	0.9327	
42	0.9427	0.9370	0.93365	0.9309	
43	0.9411	0.9352	0.93185	0.9290	
44	0.9395	0.9334	0.93001	0.9272	
45	0.9377	0.9316	0.92815	0.9252	
46	0.9360	0.9298	0.92627	0.9234	
47	0.9342	0.9279	0.92436	0.9214	
48	0.9324	0.9260	0.92242	0.9198	
49	0.9306	0.9240	0.92048	0.9176	1%～69%的数据各手册略有出入 温度每增加 1℃，密度+0.009 后查表 温度每减少 1℃，密度－0.009 后查表
50	0.9287	0.9221	0.91852	0.9156	
51	0.9269	0.9202	0.91653	0.9135	
52	0.9250	0.9182	0.91451	0.9114	
53	0.9230	0.9162	0.91248	0.9094	
54	0.9211	0.9142	0.91044	0.9073	
55	0.9191	0.9122	0.90839	0.9052	
56	0.9172	0.9101	0.90631	0.9032	
57	0.9151	0.9080	0.90421	0.9010	
58	0.9131	0.9060	0.90210	0.8988	
59	0.9111	0.9039	0.89996	0.8968	
60	0.9090	0.9018	0.89781	0.8946	
61	0.9068	0.8998	0.89563	0.8924	
62	0.9046	0.8977	0.89341	0.8902	
63	0.9024	0.8955	0.89117	0.8879	
64	0.9002	0.8933	0.88890	0.8856	
65	0.8980	0.8911	0.88662	0.8834	
66	0.8958	0.8888	0.88433	0.8811	
67	0.8935	0.8865	0.88203	0.8787	
68	0.8913	0.8842	0.87971	0.8763	
69	0.8891	0.8818	0.87739	0.8738	

续表

浓度/%	温度 0℃	温度 10℃	温度 15℃	温度 20℃	备注
70	0.8869	0.8794	0.87507	0.8715	70%～100%的数据各手册略有出入 温度每增加1℃，密度+0.009后查表 温度每减少1℃，密度-0.009后查表
71	0.8847	0.8770	0.87271	0.8690	
72	0.8824	0.8747	0.87033	0.8665	
73	0.8801	0.8724	0.86792	0.8641	
74	0.8778	0.8699	0.86546	0.8616	
75	0.8754	0.8676	0.86300	0.8592	
76	0.8729	0.8651	0.86051	0.8567	
77	0.8705	0.8626	0.85801	0.8542	
78	0.8680	0.8602	0.85651	0.8518	
79	0.8657	0.8577	0.85300	0.8494	
80	0.8634	0.8551	0.85048	0.8469	
81	0.8610	0.8527	0.84794	0.8446	
82	0.8585	0.8510	0.84536	0.8420	
83	0.8580	0.8475	0.84274	0.8394	
84	0.8535	0.8449	0.84009	0.8365	
85	0.8510	0.8422	0.83742	0.8340	
86	0.8483	0.8394	0.83475	0.8314	
87	0.8456	0.8367	0.83207	0.8286	
88	0.8428	0.8340	0.82937	0.8258	
89	0.8400	0.8314	0.82667	0.8230	
90	0.8374	0.8287	0.82396	0.8202	
91	0.8347	0.8261	0.82124	0.8174	
92	0.8320	0.8234	0.81849	0.8146	
93	0.8293	0.8208	0.81563	0.8118	
94	0.8260	0.8180	0.81085	0.8090	
95	0.8240	0.8152	0.80999	0.8062	
96	0.8212	0.8124	0.80713	0.8034	
97	0.8186	0.8096	0.80428	0.8005	
98	0.8168	0.8060	0.80143	0.7976	
99	0.8130	0.8040	0.79839	0.7948	
100	0.8102	0.8009	0.79571	0.7917	

参 考 文 献

[1] 冯建跃. 高校实验室化学安全与防护. 杭州：浙江大学出版社，2013.

[2] 孙玲玲. 高校实验室安全与环境管理导论. 杭州：浙江大学出版社，2013.

[3] 何少华. 试验设计与数据处理. 长沙：国防科技大学出版社，2002.

[4] 李云雁，胡传荣. 试验设计与数据处理. 北京：化学工业出版社，2008.

[5] 朱炳辰. 化学反应工程. 第5版. 北京：化学工业出版社，2012.

[6] 乐清华. 化学工程与工艺专业实验. 第2版. 北京：化学工业出版社，2008.

[7] 李忠铭. 化学工程与工艺专业实验. 武汉：华中科技大学出版社，2013.

[8] 复旦大学化学系高分子教研组. 高分子实验技术. 上海：复旦大学出版社，1983.